"十二五"职业教育国家规划教材
经全国职业教育教材审定委员会审定
高职高专土建专业"互联网+"创新规划教材

建筑工程计量与计价实训

（含案例施工图纸）

第四版

主　编　肖明和　关永冰　张成强
副主编　孙圣华　张翠华　柴　琦
　　　　陈为国
参　编　姜利妍　刘德军　齐高林
　　　　王　飞　刘　涛　徐鹏飞
　　　　王婷婷

内 容 简 介

本书根据高职高专院校土建类专业人才培养目标、教学计划、建筑工程计量与计价实训课程的教学特点和要求，以及专业教学改革的需要，按照国家和山东省相关部门颁布的有关新规范、新标准编写而成。

本书共分为 3 个项目：项目 1 为建筑工程工程量定额计价实训，项目 2 为建筑工程工程量清单计价实训，项目 3 为建筑工程造价软件应用实训。本书结合高等职业教育的特点，立足于基本理论的阐述，注重实践能力的培养，以一套实际工程图纸贯穿各环节，将"做中学、做中教"的思想贯穿整个教材的编写过程，旨在提升学生的建筑工程计量与计价的实践能力，具有实用性、系统性和先进性的特色。

本书可作为高职高专建筑工程技术、工程造价、工程监理及相关专业的实训课程教学用书，也可作为中职及函授教育的教学参考书，还可作为土建类工程技术人员的参考资料。

图书在版编目(CIP)数据

建筑工程计量与计价实训/肖明和，关永冰，张成强主编. —4 版. —北京：北京大学出版社，2022.5
高职高专土建专业"互联网+"创新规划教材
ISBN 978-7-301-32993-1

Ⅰ.①建… Ⅱ.①肖… ②关… ③张… Ⅲ.①建筑工程—计量—高等职业教育—教材 ②建筑造价—高等职业教育—教材 Ⅳ.①TU723.3

中国版本图书馆 CIP 数据核字（2022）第 071181 号

书　　　名	建筑工程计量与计价实训（第四版）	
	JIANZHU GONGCHENG JILIANG YU JIJIA SHIXUN (DI-SI BAN)	
著作责任者	肖明和　关永冰　张成强　主编	
策划编辑	刘健军	
责任编辑	伍大维	
数字编辑	蒙俞材	
标准书号	ISBN 978-7-301-32993-1	
出版发行	北京大学出版社	
地　　　址	北京市海淀区成府路 205 号　100871	
网　　　址	http://www.pup.cn　新浪微博：@北京大学出版社	
电子邮箱	编辑部 pup6@pup.cn　总编室 zpup@pup.cn	
电　　　话	邮购部 010-62752015　发行部 010-62750672　编辑部 010-62750667	
印　刷　者	三河市北燕印装有限公司	
经　销　者	新华书店	
	787 毫米×1092 毫米　16 开本　15.75 印张　378 千字	
	2009 年 8 月第 1 版　2013 年 7 月第 2 版　2015 年 7 月第 3 版	
	2022 年 5 月第 4 版　2025 年 6 月第 3 次印刷（总第 21 次印刷）	
定　　　价	45.00 元（含案例施工图纸）	

未经许可，不得以任何方式复制或抄袭本书之部分或全部内容。
版权所有，侵权必究
举报电话：010-62752024　电子信箱：fd@pup.cn
图书如有印装质量问题，请与出版部联系，电话：010-62756370

第四版 前言

本书为"十二五"职业教育国家规划教材之一。为适应高等职业教育发展的需要，培养建筑行业具备建筑工程计量与计价知识的专业技术管理应用型人才，编者结合现行建筑工程计量与计价规范编写了本书。《建筑工程计量与计价实训》第一版自2009年8月出版以来，已经过两次修订，并印刷了多次，受到了读者的一致好评。

本书根据高职高专院校土建类专业的人才培养目标、教学计划、建筑工程计量与计价实训课程的教学特点和要求及专业教学改革的需要，以《建筑工程建筑面积计算规范》（GB/T 50353—2013）、《山东省建筑工程消耗量定额》（SD 01—31—2016）、《山东省建筑工程消耗量定额交底培训资料》（2016年）、《山东省建设工程费用项目组成及计算规则》（2016年）、《山东省建筑工程价目表》（2020年）、《建设工程工程量清单计价规范》（GB 50500—2013）、《房屋建筑与装饰工程工程量计算规范》（GB 50854—2013）、《山东省建设工程工程量清单计价规则》及《山东省住房和城乡建设厅印发〈建筑业营改增建设工程计价依据调整实施意见〉的通知》（鲁建办字〔2016〕20号）等为主要依据编写而成。书中内容紧密结合建筑工程计量与计价的实践性教学特色，针对培养学生应用型技能的要求，系统而详尽地制订了建筑工程计量与计价课程的实训计划和内容，理论联系实际，重点突出案例教学，以提升学生的实践应用能力。

目前，传统的定额计价办法和工程量清单计价办法共存于招投标活动中，为此本书在内容的编排上共分为3个项目，建议安排60学时。各项目的主要内容包括实训目的和要求、实训内容、实训时间安排、实训编制依据、实训编制步骤和方法等，每个项目均附有独立、成套的施工图设计文件和相应的标准表格。

本书由济南工程职业技术学院肖明和、关永冰、张成强担任主编，山东职业学院孙圣华，济南工程职业技术学院张翠华、陈为国和山东城市建设职业学院柴琦担任副主编，济南工程职业技术学院姜利妍、刘德军、齐高林、王飞、王婷婷，山东省舜泰工程检测鉴定集团有限公司刘涛，山东天齐置业集团股份有限公司徐鹏飞参编。

资源索引

本书在编写过程中参考了国内外同类教材和相关资料,在此,向相关作者表示感谢!并对为本书付出辛勤劳动的编辑同志们表示衷心的感谢!

由于编者水平有限,书中难免有不足之处,恳请广大读者批评指正。联系 E-mail:1159325168@qq.com。

编　者

2022 年 2 月

目 录

项目 1　**建筑工程工程量定额计价实训** ………………………………………………… 001
　任务 1.1　建筑工程工程量定额计价实训任务书 …………………………………… 002
　　1.1.1　实训目的和要求 …………………………………………………………… 002
　　1.1.2　实训内容 …………………………………………………………………… 002
　　1.1.3　实训时间安排 ……………………………………………………………… 003
　任务 1.2　建筑工程工程量定额计价实训指导书 …………………………………… 003
　　1.2.1　实训编制依据 ……………………………………………………………… 003
　　1.2.2　实训编制步骤和方法 ……………………………………………………… 004
　任务 1.3　某接待室施工图设计文件（案例） ……………………………………… 018
　　1.3.1　某接待室施工图 …………………………………………………………… 018
　　1.3.2　建筑设计说明 ……………………………………………………………… 018
　　1.3.3　结构设计说明 ……………………………………………………………… 023
　　1.3.4　施工图预算书的编制 ……………………………………………………… 023
　任务 1.4　某住宅楼施工图设计文件（实训） ……………………………………… 050
　　1.4.1　建筑设计总说明及建筑做法说明 ………………………………………… 051
　　1.4.2　结构设计总说明 …………………………………………………………… 051
　　1.4.3　某住宅楼施工图 …………………………………………………………… 051

项目 2　**建筑工程工程量清单计价实训** ………………………………………………… 052
　任务 2.1　建筑工程工程量清单计价实训任务书 …………………………………… 053
　　2.1.1　实训目的和要求 …………………………………………………………… 053
　　2.1.2　实训内容 …………………………………………………………………… 053
　　2.1.3　实训时间安排 ……………………………………………………………… 055
　任务 2.2　建筑工程工程量清单计价实训指导书 …………………………………… 055
　　2.2.1　编制依据 …………………………………………………………………… 055
　　2.2.2　编制步骤和方法 …………………………………………………………… 056
　任务 2.3　某老年活动室施工图设计文件（案例） ………………………………… 073
　　2.3.1　建筑设计说明及建筑做法说明 …………………………………………… 073
　　2.3.2　结构设计说明 ……………………………………………………………… 074

2.3.3	某老年活动室施工图	074
2.3.4	工程量清单的编制	084
2.3.5	工程量清单报价的编制	097

任务 2.4　某别墅施工图设计文件（实训） …… 113
- 2.4.1　建筑设计说明及建筑做法说明 …… 113
- 2.4.2　结构设计总说明 …… 114
- 2.4.3　某别墅施工图 …… 114

项目 3　建筑工程计价软件应用实训 …… 133

任务 3.1　建筑工程计价软件应用实训任务书 …… 134
- 3.1.1　实训目的和要求 …… 134
- 3.1.2　实训内容 …… 134
- 3.1.3　实训时间安排 …… 134

任务 3.2　建筑工程计价软件应用实训指导书 …… 135
- 3.2.1　编制依据 …… 135
- 3.2.2　图形算量 GCL 8.0 软件操作步骤 …… 135
- 3.2.3　钢筋抽样 GGJ 10.0 软件操作步骤 …… 156

任务 3.3　实训附图 …… 173
- 3.3.1　工程概况 …… 173
- 3.3.2　混凝土强度等级 …… 174
- 3.3.3　墙体厚度和砂浆强度等级 …… 174
- 3.3.4　门窗表 …… 174
- 3.3.5　过梁 …… 174
- 3.3.6　图形算量和钢筋抽样施工图 …… 174

参考文献 …… 184

项目 1　建筑工程工程量定额计价实训

教学目标

本项目的教学目标：培养学生系统地总结、运用所学的建筑工程定额原理和工程概预算理论编制建筑工程施工图预算的能力；使学生能够做到理论联系实际、产学结合，具备独立分析和解决问题的能力。

学习要求

能力目标	知识要点	相关知识	权重
掌握基本识图能力	正确识读工程图样，理解建筑、结构做法和详图	制图规范、建筑图例、结构构件、节点做法	10%
掌握分部分项工程项目的划分	根据定额计算规则和图样内容正确划分各分部分项工程	定额子目组成、工程量计算规则、工程具体内容	15%
掌握工程量的计算方法	以建筑工程、装饰装修工程工程量的计算规则、定额计量单位为基础，正确计算各项工程量	工程量计算规则的运用	35%
掌握定额子目的正确套用	按照图样的做法，套用最恰当的定额子目	定额项目选择、定额基价换算	25%
掌握预算表、费用计算程序表的编制	确定各项费率系数，正确计取建筑工程、装饰装修工程费用，计算工程总造价	工程类别划分、费用项目及费率系数、计费程序表	15%

任务1.1 建筑工程工程量定额计价实训任务书

1.1.1 实训目的和要求

1. 实训目的

(1) 让学生加深对预算定额的理解和运用，掌握现行的《山东省建筑工程消耗量定额》的编制和使用方法。

(2) 让学生能按照施工图预算的要求进行项目划分并列项，能熟练地进行工程量计算，并能将理论知识运用到实际计算中去。

(3) 让学生掌握建筑工程预算费用的组成，能理解建筑安装工程费用的计算程序。

(4) 让学生掌握采用定额计价方式编制建筑工程施工图预算文件的程序、方法、步骤及图表填写规定等。

2. 实训要求

(1) 完成案例工程建筑物的建筑工程各分部工程的工程量计算，并编制工程量汇总表。建筑工程的主要分部工程如下：土石方工程，地基处理与边坡支护工程，砌筑工程，钢筋及混凝土工程，门窗工程，屋面及防水工程，保温、隔热、防腐工程，装饰工程（楼地面装饰工程，墙、柱面装饰与隔断、幕墙工程，天棚工程，油漆、涂料、裱糊工程等），施工技术措施项目（脚手架工程、模板工程、施工运输工程、建筑施工增加等）。

(2) 课程实训期间，必须发扬实事求是的科学精神，进行深入分析、研究和计算，按照指导要求进行课程实训，严禁捏造、抄袭等行为，力争使自己的实训技能得到显著提升。

(3) 课程实训应独立完成，遇到有争议的问题可以相互讨论，但不准抄袭他人；否则，一经发现，相关责任者的课程实训成绩以零分计。

1.1.2 实训内容

1. 工程资料

已知某工程资料如下。

(1) 建筑施工图、结构施工图见附图（见任务1.4）。

(2) 建筑设计总说明、建筑做法说明、结构设计总说明见工程施工图（见任务1.4）。

(3) 其他未尽事项，可根据规范、图集及具体情况讨论选用，并在编制说明中注明。例如，混凝土采用场外集中搅拌（$25m^3/h$），混凝土运输车运输（运距5km），非泵送混凝土；除预制板外，其他混凝土构件均采用现浇方式等。

2. 编制内容

根据现行的《山东省建筑工程消耗量定额》《山东省建设工程费用项目组成及计算规则》和指定的施工图设计文件等资料，编制以下内容。

(1) 列出项目并计算工程量。
(2) 套用消耗量定额，确定直接工程费（编制工程计价表）。
(3) 进行工料机分析及汇总。
(4) 计算材料差价。
(5) 进行取费分析，计算工程造价。
(6) 编制说明。
(7) 填写封面，整理装订成册。

1.1.3 实训时间安排

实训时间安排见表1-1。

表1-1 实训时间安排

序号	内容	时间/天
1	实训准备工作，熟悉图纸、定额，了解工程概况，进行项目划分	0.5
2	计算工程量	2.5
3	编制工程计价表	0.5
4	进行工料机分析及汇总，计算材料差价	1.0
5	进行取费分析，计算工程造价，复核，编制说明，填写封面，整理装订成册	0.5
6	合计	5.0

任务1.2 建筑工程工程量定额计价实训指导书

1.2.1 实训编制依据

(1) 课程实训应严格执行国家和山东省现行的行业标准、规范、规程、定额，以及有关造价政策和文件。

(2) 本课程实训依据现行的《山东省建筑工程消耗量定额》《山东省建筑工程价目表》《山东省建设工程费用项目组成及计算规则》及施工图设计文件等完成。

1.2.2 实训编制步骤和方法

《山东省建筑工程消耗量定额（上册）》

1. 熟悉施工图设计文件

（1）熟悉图纸、设计说明，了解工程性质，对工程情况进行初步了解。

（2）熟悉平面图、立面图和剖面图，核对尺寸。

（3）查看详图和做法说明，了解细部做法。

2. 熟悉施工组织设计资料

了解施工方法、施工机械和工具设备的选择，运距的远近，脚手架种类的选择，模板支撑种类的选择等。

《山东省建筑工程消耗量定额（下册）》

3. 熟悉消耗量定额

了解定额各项目的划分、工程量计算规则，掌握各定额项目的工作内容、计量单位。

4. 计算工程量及编制工程量计算书

工程量计算必须根据设计图样和说明提供的工程构造、设计尺寸和做法要求，结合施工组织设计和现场情况，按照定额的项目划分、工程量计算规则和计量单位的规定，对每个分项工程的工程量进行具体计算。它是工程预算编制工作中一个非常重要的环节，90%以上的工作时间都消耗在工程量计算阶段，而且工程预算造价的正确与否，关键在于工程量的计算是否准确、项目是否齐全、有无遗漏和错误。

特别提示

为了做到计算准确、便于审核，工程量计算的总体要求有以下几点。

① 根据设计图纸、施工说明书和消耗量定额的规定要求，先列出本工程的分部分项工程的项目顺序表，再逐项计算，对定额缺项需要调整换算的项目要注明，以便做补充换算计算表。

② 计算工程量所取定的尺寸和工程量计量单位要符合消耗量定额的规定。

③ 尽量按照"一数多用"的计算原则进行工程量计算，以加快计算速度。

④ 门窗、洞口、预制构件要结合建筑平面图、立面图对照清点，也可列出数量、面积、体积明细表，以备扣除门窗、洞口面积和预制构件体积之用。

工程量计算的具体步骤如下。

1) 计算基数（"四线两面"）

（1）计算外墙中心线长度 $L_{中}$（若外墙基础断面不同，应分段计算），内墙净长线长度 $L_{内}$（若内墙墙厚不同，应分段计算），内墙基础垫层净长线长度 $L_{净垫}$（或内墙混凝土基础净长线长度 $L_{净基础}$；若垫层或基础断面不同，应分段计算）和外墙外边线长度 $L_{外}$；计算底层建筑面积 $S_{底}$ 和房心净面积 $S_{房}$。

（2）编制基数计算表，其样表见表 1-2。

表1-2 基数计算表（样表）

序号	基数名称	单位	数量	计算式
一	外墙中心线长度 $L_{中}$	m	29.20	$(5.0+3.6+3.3+2.7)\times 2$
二	内墙净长线长度 $L_{内}$	m	…	…
1	$L_{内1}$（120墙）	m	…	…
2	$L_{内2}$（240墙）	m	…	…
三	外墙外边线长度 $L_{外}$	m	…	…
…	…	…	…	…

（3）计算门窗及洞口工程量，编制门窗及洞口工程量计算表，其样表见表1-3。

表1-3 门窗及洞口工程量计算表（样表）

门窗代号	洞口尺寸		每樘面积 /m²	总樘数	总面积 /m²	所在部位			备注
						外墙	内墙		
	宽/mm	高/mm				240mm	240mm	120mm	
M-1	900	2400	2.16	5	10.8	4.32	2.16	4.32	
M-2	…	…	…	…	…	…	…	…	
…									
门窗面积小计					…	…	…	…	
洞口面积小计					…	…	…	…	

特别提示

在计算工程量时，应充分利用统筹法计算工程量基本要求中的"利用基数、连续计算"这一要点，以提高计算效率。

1. 常用各基数之间的相互关系

$L_{中}=L_{外}-4\times$ 墙厚。

$S_{房}=S_{底}-L_{中}\times$ 外墙厚 $-L_{内}\times$ 内墙厚。

2. 各基数参考计算项目

（1）$L_{中}$。

① 外墙沟槽土方工程量 $=L_{中}\times$ 沟槽断面积。

② 外墙基础工程量 $=L_{中}\times$ 基础断面积。

③ 外墙基础垫层工程量 $=L_{中}\times$ 垫层断面积。

④ 外墙基础圈梁工程量 $=L_{中}\times$ 圈梁断面积。

⑤ 外墙基础防潮层工程量＝$L_{中}$×外墙厚。
⑥ 外墙上部圈梁工程量＝$L_{中}$×圈梁断面积×层数－$V_{扣}$。
⑦ 外墙墙体工程量＝$L_{中}$×外墙高×外墙厚－$V_{扣}$。
⑧ 女儿墙工程量＝$L_{中}$×女儿墙高×女儿墙厚－$V_{扣}$（女儿墙与外墙同厚）。
⑨ 外墙沟槽钎探工程量＝$L_{中}$×每米钎探点数量（具体根据施工组织设计确定）。

(2) $L_{外}$。
① 外脚手架工程量＝$L_{外}$×外脚手架高度。
② 外墙装饰工程量＝$L_{外}$×外墙装饰高度－$S_{扣}$。
③ 外墙勒脚工程量＝$L_{外}$×勒脚高度－$S_{扣}$。
④ 外墙散水工程量＝$L_{散水中}$×散水宽度－$S_{扣}$，$L_{散水中}＝L_{外}＋4×散水宽度$。
⑤ 外墙散水伸缩缝工程量＝$L_{外}－L_{扣}$。
⑥ 场地平整工程量＝$S_{底}＋L_{外}×2＋16m^2$。
⑦ 女儿墙工程量＝$L_{女儿墙中}$×女儿墙高×女儿墙厚－$V_{扣}$（女儿墙与外墙不同厚），$L_{女儿墙中}＝L_{外}－4×女儿墙厚$。
⑧ 建筑物垂直封闭工程量＝$(L_{外}＋8×1.5)×(建筑物脚手架高度＋1.5×护栏高)$。
⑨ 平挂式安全网工程量＝$(L_{外}×1.5＋4×1.5×1.5)×(建筑物层数－1)$。

(3) $L_{内}$。
① 内墙砌筑基础工程量＝$L_{内}$×基础断面积。
② 内墙基础圈梁工程量＝$L_{内}$×圈梁断面积。
③ 内墙基础防潮层工程量＝$L_{内}$×内墙厚。
④ 内墙上部圈梁工程量＝$L_{内}$×圈梁断面积×层数－$V_{扣}$。
⑤ 内墙墙体工程量＝$L_{内}$×内墙高×内墙厚－$V_{扣}$。
⑥ 里脚手架工程量＝$L_{内}$×里脚手架高度。
⑦ 内墙装饰工程量＝$L_{内}$×内墙装饰高度×面数－$S_{扣}$。
⑧ 内墙踢脚线工程量＝$L_{内}$×面数－$L_{扣}$。

(4) $L_{净基础}$。
计算内墙混凝土基础工程量。

(5) $L_{净垫}$。
① 内墙沟槽土方工程量＝$L_{净垫}$×沟槽断面积。
② 内墙基础垫层工程量＝$L_{净垫}$×垫层断面积。
③ 内墙沟槽钎探工程量＝$L_{净垫}$×每米钎探点数量（具体根据施工组织设计确定）。

(6) $S_{底}$。
① 场地平整工程量＝$S_{底}＋L_{外}×2＋16m^2$。
② 多层建筑物建筑面积＝$S_{底}$×层数。
③ 竣工清理工程量＝$S_{底}$×檐高。

④ 建筑物垂直运输机械工程量＝建筑物建筑面积。

⑤ 塔式起重机混凝土基础座数：（招标控制价）建筑物首层建筑面积 600m² 以内，计 1 座；建筑物首层建筑面积超过 600m²，每增加 400m² 以内，增加 1 座。

(7) $S_{房}$。

① 房心回填土工程量＝$S_{房}$×回填土厚度。

② 地面垫层工程量＝$S_{房}$×地面垫层厚度。

③ 地面面层工程量＝$S_{房}$（对块料面层需增加门口处工程量）。

④ 地面保温层工程量＝$S_{房}$×保温层厚度。

(8) 门窗统计表。

① 利用门窗统计表可直接计算门窗工程量。

② 计算墙体工程量时，可利用门窗统计表直接计算需扣减的门窗洞口体积。

③ 门窗运输工程量＝门窗工程量×系数（木门为 0.9750，木窗为 0.9715，铝合金门窗为 0.9668）。

④ 门窗油漆工程量＝门窗工程量×油漆系数。

2) 正确划分计算项目

工程量计算项目可按以下内容划分（所列项目为示例，仅供参考）。

(1) 土石方工程。

① 人工平整场地。

② 竣工清理。

③ 基底钎探：基底每平方米设置 1 眼。

④ 人工挖沟槽土方（普通土）。

⑤ 人工凿沟槽石方（松石）。

⑥ 人工挖地坑土方（坚土）。

⑦ 基础回填土（机械夯填）。

⑧ 室内回填土（人工夯填）。

⑨ 余土外运（自卸汽车运土方）。

⑩ 人工运石碴。

(2) 地基处理与边坡支护工程。

① 基础 3∶7 灰土垫层（机械振动）。

② 地面 C15 混凝土垫层（无筋）。

(3) 砌筑工程（注意砂浆强度等级换算）。

① M5 水泥砂浆毛石基础。

② M5 混合砂浆实心砖墙（墙厚 240mm）。

③ M5 混合砂浆实心砖墙（墙厚 115mm）。

④ M5 混合砂浆零星砌体。

(4) 钢筋及混凝土工程。

① 现浇 C20 基础圈梁（如 JQL-1、JQL-2）。

② 现浇 C25 独立基础（混凝土）。
③ 现浇 C25 构造柱（如 GZ-1）。
④ 现浇 C25 矩形柱（如 Z-1）。
⑤ 现浇 C25 过梁（如 GL-1、GL-2、GL-3）。
⑥ 现浇 C25 花篮梁（异形梁）。
⑦ 现浇 C25 平板。
⑧ 现浇 C25 雨篷板（有梁板）。
⑨ 混凝土场外集中搅拌（25m³/h）。
⑩ 混凝土运输车运输（运距 5km）。
⑪ 各型号的现浇混凝土Ⅰ级钢筋（光圆钢筋）和Ⅱ级钢筋（螺纹钢筋）。
⑫ 各型号的现浇混凝土箍筋。
⑬ 砌体加固筋焊接。

(5) 门窗工程。
① 单独木门框制作安装（如 M-1 自由门）。
② 普通成品门扇安装（如 M-1 自由门）。
③ 成品木门框安装（如 M-2 玻璃镶板门）。
④ 普通成品门扇安装（如 M-2 玻璃镶板门）。
⑤ 纱门扇安装。
⑥ 铝合金推拉窗安装（如 C-1、C-2、C-3）。
⑦ 铝合金纱窗扇安装（如 C-1、C-2、C-3）。

(6) 屋面及防水工程。
① 防水砂浆五层做法（平面）。
② PVC 防水卷材冷粘法（二层，平面）。

(7) 保温、隔热、防腐工程。
① 1∶10 现浇水泥珍珠岩保温层。
② 墙裙防腐层（耐酸沥青砂浆，厚度 30mm）。

(8) 装饰工程。
① 楼地面装饰工程。
a. 找平层（地面水泥砂浆找平层、屋面细石混凝土找平层）。
b. 地面环氧自流平涂料（底涂、中涂、腻子层、面涂）。
c. 瓷砖地面面层（干硬性水泥砂浆，周长 2400mm 以内）。
② 墙、柱面装饰与隔断、幕墙工程。
a. 外墙面粘贴石材块料（水泥砂浆）。
b. 内墙面水泥砂浆粘贴全瓷墙面砖（周长 1500mm 以内）。
c. 内墙裙龙骨、基层板、饰面面层（轻钢龙骨，龙骨上铺钉石膏板基层，面层粘贴装饰木夹板）。
d. 卫生间玻璃隔断（成品）。
e. 柱面粘贴岩棉吸音板。
f. 门洞、漏窗洞胶粘剂粘贴马赛克（零星项目）。

g. 雨篷水泥砂浆粘贴瓷砖（边长 200mm×300mm，零星项目）。

③ 天棚工程。

a. 天棚抹灰（混合砂浆，厚度 5mm+3mm）。

b. 天棚龙骨、基层板、饰面面层（方木平面天棚单层龙骨，龙骨上铺钉五夹板基层，面层粘贴装饰木夹板）。

c. 雨篷底面、门斗顶板抹灰（水泥砂浆，厚度 5mm+3mm）。

④ 油漆、涂料、裱糊工程。

a. 木门、木窗油漆（刷底油一遍、调和漆二遍）。

b. 内墙裙刷硝基清漆（润油粉、刮腻子、刷硝基清漆五遍、磨退出亮）。

c. 内墙面刮仿瓷涂料二遍。

d. 雨篷底面、门斗顶板刷乳胶漆二遍（光面）。

⑤ 其他装饰工程。

a. 内墙裙木装饰线条（成品）木顶角线（宽度 30mm 以内）。

b. 天棚木装饰线条（成品）平面（宽度 25mm 以内）。

(9) 施工技术措施项目。

① 脚手架工程。

a. 外脚手架（如钢管架，双排 24m 以内；型钢平台外挑双排钢管脚手架，20m 以内）。

b. 里脚手架（如钢管架，双排 3.6m 以内）。

c. 垂直封闭（如建筑物垂直封闭，密目网）。

② 模板工程。

a. 独立基础模板与支撑（如独立基础，无筋混凝土，组合钢模板、木支撑）。

b. 矩形柱模板与支撑（如 Z-1 矩形柱，组合钢模板、钢支撑）。

c. 构造柱模板与支撑（如 GZ-1 构造柱，复合木模板、木支撑）。

d. 圈梁模板与支撑（如 JQL-1、JQL-2 圈梁，直形，组合钢模板、木支撑）。

e. 过梁模板与支撑（如 GL-1、GL-2、GL-3 过梁，组合钢模板、木支撑）。

f. 异形梁模板与支撑（如异形梁，复合木模板、木支撑）。

g. 平板模板与支撑（如平板，组合钢模板、钢支撑）。

h. 雨篷板模板与支撑（如雨篷、悬挑板、阳台板，直形，复合木模板、木支撑）。

③ 施工运输工程。

a. 垂直运输（如檐高≤20m 现浇混凝土结构，标准层建筑面积≤500m²）。

b. 水平运输（如混凝土构件水平运输，构件长度≤4m，运距≤1km）。

c. 大型机械进出场（如自升式塔式起重机安装拆卸，檐高≤20m；自升式塔式起重机场外运输，檐高≤20m）。

④ 建筑施工增加。

a. 人工起重机械超高施工增加（檐高 40m 以内）。

b. 地下暗室内作增加。

c. 装饰成品保护增加。

3) 正确计算工程量

(1) 计算规则要求与定额工程量计算规则一致。

(2) 计量单位及工程量的有效位数规定如下。

① 计算质量以"t"为单位,结果应保留小数点后三位数字,第四位四舍五入。

② 计算体积以"m³"为单位,结果应保留小数点后两位数字,第三位四舍五入。

③ 计算面积以"m²"为单位,结果应保留小数点后两位数字,第三位四舍五入。

④ 计算长度以"m"为单位,结果应保留小数点后两位数字,第三位四舍五入。

⑤ 其他以"个""块""套""樘""组"等为单位时,结果应取整数。

⑥ 没有具体数量的项目,以"系统""项"为单位。

(3) 工程量计算顺序可按消耗量定额顺序(或施工顺序)进行计算。对同一分项工程,为了防止重复计算或漏算,工程量计算可采用以下几种计算顺序。

① 按图纸轴线编号计算。对于造型或结构复杂的工程可以根据施工图纸轴线变化确定工程量计算顺序,如计算砖墙等的工程量。

② 按图纸分类编号计算。主要用于图纸上分类编号的构件工程量的计算,如计算钢筋混凝土结构、门窗、钢筋、梁等的工程量。

③ 按顺时针方向计算。它是从施工图纸左上角开始,自左至右,然后由上而下,再重新回到施工图纸左上角的计算方法,如计算外墙挖沟槽土方量、外墙条形基础垫层工程量、外墙条形基础工程量、外墙墙体工程量等。

(4) 编制工程量计算表,其样表见表1-4。

表1-4 工程量计算表(样表)

序号	项目名称	计算公式	单位	工程量	备注
1	人工场地平整	$S_{底}+2L_{外}+16=\cdots$	m²	…	
2	…	…		…	
3	240mm混水砖墙	$27.24\times2.8\times0.24-V_{门窗洞口}-V_{钢筋混凝土过梁}$	m³		
4	120mm混水砖墙	…			
…	…	…		…	

特别提示

表1-4中可不列出混凝土场外集中搅拌和混凝土运输车运输两个子目,在用计价软件套用定额项目时,可利用计价软件的关联子目自动生成,或借助表1-5进行计算。

钢筋工程量先按构件的编号进行计算,然后再按钢筋类型、直径进行汇总。

4) 工程量汇总

(1) 先进行混凝土场外集中搅拌和混凝土运输车运输混凝土的工程量汇总计算,编制混凝土搅拌和混凝土运输工程量汇总表,其样表见表1-5。

表1-5 混凝土搅拌和混凝土运输工程量汇总表（样表）

混凝土强度等级	项目名称	项目工程量/m³	定额单位	定额混凝土材料用量/m³	混凝土搅拌和混凝土运输工程量计算式	混凝土搅拌和混凝土运输工程量/m³
C15	C15混凝土地面垫层60mm厚	…	10m³	10.1000	…	…
	小计				…	…
C20	JQL-1	…	10m³	10.1000	…	…
	JQL-2	…	10m³	10.1000	…	…
	小计				…	…
C25	GL	…	10m³	10.1000	…	…
	平板	…	10m³	10.1000	…	…
	雨篷板	…	10m²	1.0100	…	…
	L	…	10m³	10.1000	…	…
	GZ-1	…	10m³	9.8691	…	…
	独立基础	…	10m³	10.1000	…	…
	Z-1	…	10m³	9.8691	…	…
	…					
	小计				…	…
	混凝土搅拌和混凝土运输工程量				…	…

特别提示

表1-5中"定额混凝土材料用量"需要根据具体项目在消耗量定额中查找具体的消耗量数值。

（2）按照消耗量定额中定额子目的编排顺序，分类列表统计整理工程量，保留必要的说明和计算过程。工程量汇总表的样表见表1-6。

表1-6 工程量汇总表（样表）

序号	定额编号	项目名称	单位	工程量	计算式或说明
1	1-2-6	人工挖沟槽土方，槽深≤2m，普通土	m³	1500	土方开挖方式（人工开挖或机械开挖）根据施工组织设计确定
…	…	…	…	…	…

续表

序号	定额编号	项目名称	单位	工程量	计算式或说明

🏯 特别提示

表1-6中，要在"项目名称"或"计算式或说明"中注明各分项工程的要素。例如，挖土方时，应写出挖土深度和土壤类别；运土方时，应写出运输工具和运距；预制和现浇混凝土工程，应写出混凝土强度等级；各种垫层、找平层、屋面及各类装饰做法，应写出材料种类、厚度和配合比；油漆、涂料，应写出相应的材料种类和遍数；等等。

5）编制单位工程预算表

当施工图样的某些设计要求与单价的特征描述不完全符合时，必须根据消耗量定额使用说明对单价进行调整或换算，编制定额单价换算表，其样表见表1-7。

表1-7 定额单价换算表（样表）

换算定额编号	换算前定额单价/元				换算要求	换算计算式	换算后定额单价/元			
	单价	人工费	材料费	机械费			单价	人工费	材料费	机械费
2-1-1（换）	1978.80	756.80	1207.88	14.12	垫层定额是按地面垫层编制的，若为基础垫层，人工、机械分别乘以系数	条形基础垫层：人工、机械乘以1.05	2017.35	794.64	1207.88	14.83
…	…	…	…	…	…	…	…	…	…	…

🏯 特别提示

《山东省建筑工程价目表》

本书所涉及的建筑工程价目表中的价格均指简易计税（即含税）的价格。

工程量计算完毕并核对无误后，用所得到的工程量套用《山东省建筑工程价目表》中相应的定额单价，将工程量和单价相乘后相加汇总，列出单位工程预算表，其样表见表1-8。

表 1-8 单位工程预算表（样表）

序号	定额编号	项目名称	单位	工程量	定额单价/元		其中					
							人工费/元		材料费/元		机械费/元	
					单价	合价	单价	合价	单价	合价	单价	合价
一		第一章 土石方工程										
1	1-2-6	人工挖沟槽土方，槽深≤2m，普通土	10m³	10	387.20	3872.00	387.20	3872.00	0	0	0	0
		...										
		小计										
二		第二章 地基处理与边坡支护工程										
		...										
		小计										
三		第三章 桩基础工程										
		...										
		小计										
四		第四章 砌筑工程										
		...										
		小计										
五		第五章 钢筋及混凝土工程										
		...										
		小计										
		...										
		...										
十九		第十九章 施工运输工程										
		...										
		小计										
二十		第二十章 建筑施工增加										
		...										
		小计										
		建筑工程项目费用合计										
		装饰工程项目费用合计										

特别提示

填写单位工程预算表时需注意以下三点。

① 项目的名称、规格、计量单位必须与消耗量定额或价目表中所列内容一致,重套、错套、漏套都会引起预算单价偏差,导致施工图预算造价偏高或偏低。

② 进行了定额单价换算的项目应套用换算后的价格。

③ 由于建筑工程和装饰工程的措施费费率不同、工程类别划分标准不同,导致其费用计算程序不同,因此表1-8中的建筑工程项目费用合计和装饰工程项目费用合计应分别计算。

《人工、材料、机械台班单价表》

6) 进行工料机分析及汇总

工料机分析表的前半部分项目栏的填写与单位工程预算表基本相同,后半部分从上至下分别填写工料机名称、规格、单位,定额单位用量及工料机数量,其样表见表1-9。将各页的工料机合计汇总到单位工程工料机分析汇总表中,其样表见表1-10。

表1-9 工料机分析表(样表)

定额编号	项目名称	定额单位	工程量	综合工日		烧结煤矸石普通砖 240mm×115mm×53mm		灰浆搅拌机 200L	
				工日		千块		台班	
				定额单位用量	数量	定额单位用量	数量	定额单位用量	数量
4-1-7	M5混合砂浆实心砖墙,墙厚240mm	10m³	10	12.72	127.2	5.3883	53.883	0.29	2.9
…	…	…	…	…	…	…	…	…	…
合计									

表1-10 单位工程工料机分析汇总表(样表)

序号	工料机名称	用料范围	单位	数量	备注
1	综合工日	建筑工程	工日	1000	不分工种
2	烧结煤矸石普通砖 240mm×115mm×53mm	建筑工程	千块	300	
…	…	…	…	…	

7) 工料机差价计算

将表1-10中汇总的各种工料机名称和数量填入表1-11中,进行工料机差价的计算,即工料机差价=(工料机市场单价-工料机预算单价)×工料机定额数量。

表 1-11 工料机差价计算表

序号	工料机名称	单位	数量	预算单价/元	市场单价/元	单价差/元	差价合计/元
1	综合工日	工日	1000	110.00	150.00	40.00	40000.00
2	烧结煤矸石普通砖 240mm×115mm×53mm	千块	300	575.00	678.00	103.00	30900.00
…	…	…	…	…	…	…	…
合计							

8) 编制取费程序表

单位工程工程量的计算、汇总及单位工程预算表的计算应进行复核，以便及时发现差错，提高预算质量。复核时应对工程量的计算公式和结果、套用单价的计算基础和计算结果等进行全面复核。

按照建设工程费用定额计价取费程序计算各项费用，编制取费程序表，具体见表 1-12。

《山东省建设工程费用项目组成及计算规则》

表 1-12 取费程序表

序号	费用名称	计算方法
一	分部分项工程费	∑{[定额∑（工日消耗量×人工单价）+∑（材料消耗量×材料单价）+∑（机械台班消耗量×台班单价）]×分部分项工程量}
	计费基础JD1	详见表 1-13
二	措施项目费	2.1+2.2
	2.1 单价措施费	∑{[定额∑（工日消耗量×人工单价）+∑（材料消耗量×材料单价）+∑（机械台班消耗量×台班单价）]×单价措施项目工程量}
	2.2 总价措施费	JD1×相应费率
	计费基础JD2	详见表 1-13
三	其他项目费	3.1+3.2+3.3+3.4+3.5+3.6+3.7+3.8
	3.1 暂列金额	按《山东省建设工程费用项目组成及计算规则》第一章第二节相应规定计算
	3.2 专业工程暂估价	
	3.3 特殊项目暂估价	
	3.4 计日工	
	3.5 采购保管费	
	3.6 其他检验试验费	
	3.7 总承包服务费	
	3.8 其他	

续表

序号	费用名称	计算方法
四	企业管理费	(JD1+JD2)×管理费费率
五	利润	(JD1+JD2)×利润率
六	规费	4.1+4.2+4.3+4.4+4.5
	4.1 安全文明施工费	(一+二+三+四+五)×费率
	4.2 社会保险费	(一+二+三+四+五)×费率
	4.3 住房公积金	按工程所在地设区市相关规定计算
	4.4 工程排污费	按工程所在地设区市相关规定计算
	4.5 建设项目工伤保险	按工程所在地设区市相关规定计算
七	设备费	∑（设备单价×设备工程量）
八	税金	(一+二+三+四+五+六+七)×税率
九	工程费用合计	一+二+三+四+五+六+七+八

表 1-13 计费基础计算方法

专业工程	计费基础		计算方法
建筑、装饰、安装、园林绿化工程	人工费	定额计价 JD1	分部分项工程的省价人工费之和
			∑[分部分项工程定额∑（工日消耗量×省人工单价）×分部分项工程量]
		定额计价 JD2	单价措施项目的省价人工费之和+总价措施费中的省价人工费之和
			∑[单价措施项目定额∑（工日消耗量×省人工单价）×单价措施项目工程量]+∑（JD1×省措施费费率×H）
		H	总价措施费中人工费含量（%）
		工程量清单计价 JQ1	分部分项工程每计量单位的省价人工费之和
			分部分项工程每计量单位（工日消耗量×省人工单价）
		工程量清单计价 JQ2	单价措施项目每计量单位的省价人工费之和
			单价措施项目每计量单位∑（工日消耗量×省人工单价）
		H	总价措施费中人工费含量（%）

9）编制说明

编制说明是编制者向审核者交代的编制方面的有关情况，包含以下几方面内容。

（1）编制依据。

① 所编预算的工程名称及概况。

② 采用的图样名称和编号。

③ 采用的消耗量定额和建筑工程价目表。

④ 采用的费用定额。

⑤ 计取费用的工程类别。

⑥ 项目管理实施规划或施工组织设计方案中采取的措施。

（2）是否考虑了设计变更或图样会审记录的内容。

（3）特殊项目的补充单价或补充定额的编制依据。

（4）遗留项目或暂估项目有哪些？并说明原因。

（5）存在的问题及以后处理的办法。

（6）其他应说明的问题。

10）编制施工图预算书封面

常见的施工图预算书封面如图1.1所示。

施工图预算书

工程名称：_____ 工程地点：_____

建筑面积：_____ 结构类型：_____

工程造价：_____ 元 单方造价：_____ 元/m²

建设单位：_____ 施工单位：_____

（公章）　　　　　　　　　　　　　（公章）

工程名称：_____ 编制人：_____

（公章）　　　　　　　　　　　　　（印章）

年　月　日　　　　　　　　　　　　年　月　日

图1.1　施工图预算书封面

11）施工图预算书装订顺序及注意事项

施工图预算书的装订顺序从上到下，其流程如图1.2所示。

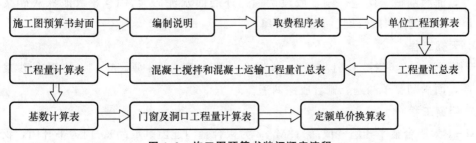

图1.2　施工图预算书装订顺序流程

特别提示

施工图预算书格式要工整规范,书写要清晰,其中施工图预算书封面、编制说明、取费程序表、单位工程预算表必须用钢笔或黑色中性笔书写(通常是打印),其余部分可用铅笔书写(通常是打印),计算要准确,过程要完整。施工图预算书要求全部采用A4纸张。

任务1.3 某接待室施工图设计文件(案例)

1.3.1 某接待室施工图

某接待室的平面图、①~④轴立面图、1—1墙身剖面图、Ⓐ~Ⓒ轴立面图、门窗表、屋面结构布置图、基础平面图、梁配筋图、基础断面图等,如图1.3~图1.6所示。

1.3.2 建筑设计说明

1. 工程概况

本工程为某单位单层砖混结构的接待室。室内地面标高为±0.000m,室外地坪标高为-0.300m。

2. 地面做法

基层素土回填夯实;C15混凝土地面垫层80mm厚,1:2水泥砂浆找平层20mm厚,面铺400mm×400mm×10mm浅色地板砖,1:2.5水泥砂浆粘贴(室内地面与雨篷下地面做法相同);1:2.5水泥砂浆粘贴瓷砖踢脚线,高150mm;C15混凝土散水,3:7灰土垫层。

3. 墙面工程

内墙面混合砂浆抹面,1:1:6混合砂浆打底9mm厚,1:0.5:3混合砂浆面层6mm厚,面满刮腻子两遍、刷乳胶漆两遍;外墙面水泥砂浆,1:3水泥抹灰砂浆打底9mm厚,1:2水泥抹灰砂浆面层6mm厚。

4. 天棚工程

天棚面混合砂浆抹面,1:0.5:3混合砂浆打底5mm厚,1:1:4混合砂浆面层3mm厚,面满刮腻子两遍、刷乳胶漆两遍。

5. 门窗工程

M-1为铝合金平开门(成品);M-2为铝合金门连窗(成品),门为平开门,窗为推拉窗;C-1为铝合金推拉窗(成品)。门窗洞口尺寸如图1.4中的门窗表所示。

6. 屋面工程

预制空心板屋面，1∶3水泥砂浆找平层30mm厚，1∶10现浇水泥珍珠岩保温层最薄处80mm厚，保温材料兼做找坡层，屋面坡度3％（单面找坡），1∶3水泥砂浆找平层20mm厚，SBS改性沥青防水卷材单层4mm厚。

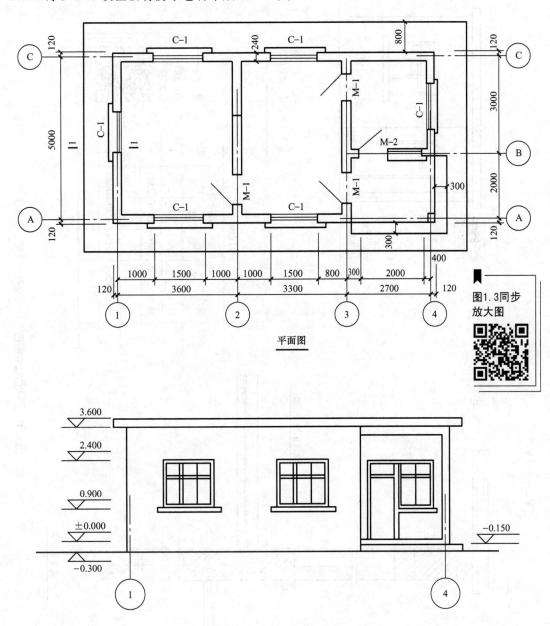

图1.3 平面图、①～④轴立面图

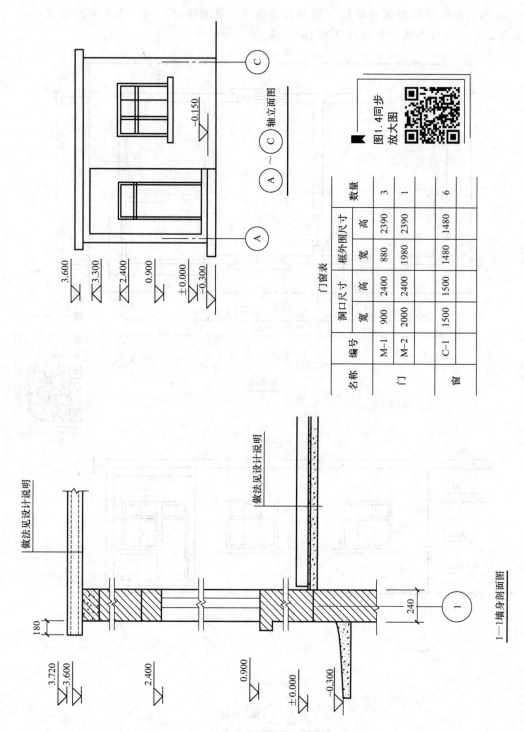

图1.4 Ⓐ～Ⓒ轴立面图、1—1墙身剖面图、门窗表

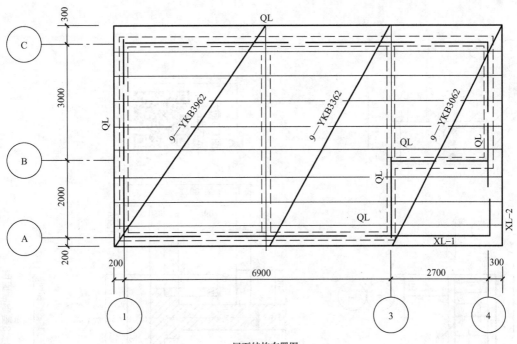

屋面结构布置图

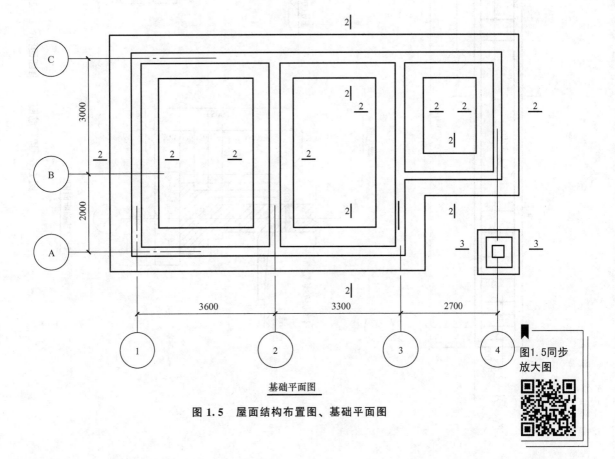

基础平面图

图 1.5 屋面结构布置图、基础平面图

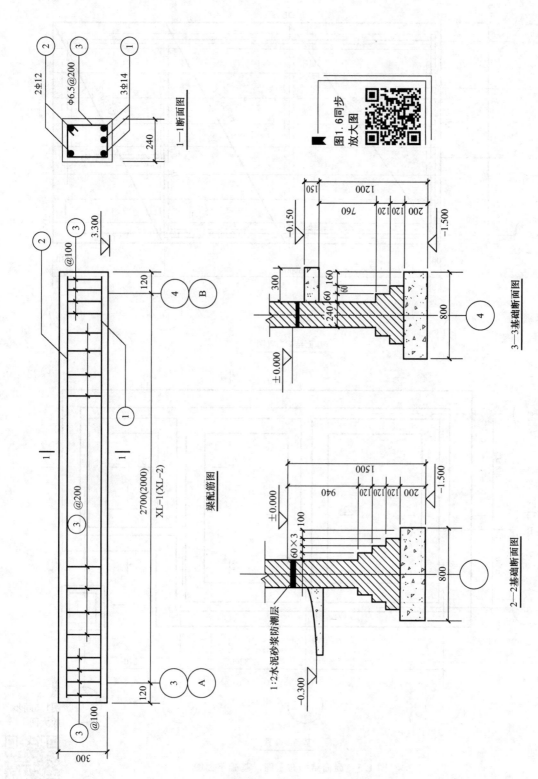

图1.6 梁配筋图、1—1断面图、2—2及3—3基础断面图

1.3.3 结构设计说明

1. 基础做法

M5 水泥砂浆砌砖基础，C20 混凝土基础垫层 200mm 厚，墙身在 -0.060m 处做 1:2 水泥砂浆防潮层（加 6% 防水粉）20mm 厚。土质为普通土，人工挖土。

2. 墙、柱做法

M5 混合砂浆砌砖墙、砖柱。

3. 现浇钢筋混凝土构件

圈梁为 C20 混凝土，断面尺寸为 240mm×200mm，钢筋为 HPB300，纵筋为 4Φ12，箍筋为 Φ6.5@200；矩形梁为 C20 混凝土，钢筋为 HRB335。各种现浇混凝土构件的钢筋保护层厚度均为 25mm。

4. 预制构件

预应力空心板：C30 混凝土，单块体积及钢筋质量如下。

(1) YKB3962，0.164m³/块，6.57kg/块。
(2) YKB3362，0.139m³/块，4.50kg/块。
(3) YKB3062，0.126m³/块，3.83kg/块。

5. 过梁

图 1.3 中 M-2 上为钢筋混凝土现浇过梁，C20 混凝土，截面尺寸为 240mm×180mm，纵筋为 4Φ14，箍筋为 Φ6.5@200，长度为洞口宽度每边增加 250mm；其余洞口均为钢筋砖过梁，配筋为 2Φ12。

1.3.4 施工图预算书的编制

1. "四线两面"基数计算

计算外墙中心线长度 $L_{中}$、内墙净长线长度 $L_{内}$、内墙基础垫层净长线长度 $L_{净垫}$、外墙外边线长度 $L_{外}$、底层建筑面积 $S_{底}$ 和房心净面积 $S_{房}$，见表 1-14。

表 1-14 基数计算表

序号	基数名称	单位	数量	计算式
一	外墙中心线长度 $L_{中}$	m	29.20	(5.0+3.6+3.3+2.7)×2
二	内墙净长线长度 $L_{内}$	m	7.52	(5.0-0.24)+(3.0-0.24)
三	内墙基础垫层净长线长度 $L_{净垫}$	m	6.40	(5.0-0.8)+(3.0-0.8)
四	外墙外边线长度 $L_{外}$	m	30.16	(5.0+0.24)×2+(3.6+3.3+2.7+0.24)×2

续表

序号	基数名称	单位	数量	计算式
五	底层建筑面积 $S_底$	m²	46.16	(3.6＋3.3＋2.7＋0.24)×(5.0＋0.24)－2.7×2.0
六	房心净面积 $S_房$	m²	37.35	(5.0－0.24)×(3.6－0.24＋3.3－0.24)＋(2.7－0.24)×(3.0－0.24)

计算门窗及洞口工程量，编制门窗及洞口工程量计算表，见表1-15。

表 1-15 门窗及洞口工程量计算表

门窗代号	洞口尺寸		每樘面积/m²	总樘数	总面积/m²	所在部位		备注
						外墙	内墙	
	宽/mm	高/mm				240mm	240mm	
M-1	900	2400	2.16	3	6.48	2.16	4.32	
M-2	2000	2400	3.90	1	3.90	3.90		门连窗
其中门	1000	2400	2.40					
其中窗	1000	1500	1.50					
C-1	1500	1500	2.25	6	13.50	13.50		
洞口小计					23.88	19.56	4.32	

2. 正确划分计算项目

工程量计算项目可按以下形式划分。

1) 土石方工程

(1) 人工平整场地。

(2) 竣工清理。

(3) 基底钎探。

(4) 人工挖沟槽土方。

(5) 人工挖地坑土方。

(6) 基础回填土（夯填）。

(7) 室内回填土（夯填）。

(8) 余土外运。

2) 地基处理与边坡支护工程

(1) 基础C20混凝土垫层。

(2) 地面C15混凝土垫层。

3) 砌筑工程（注意砂浆强度等级换算）

(1) M5水泥砂浆，砖基础。

(2) M5混合砂浆，实心砖墙，厚度240mm。

(3) M5 混合砂浆，方形砖柱。

4) 钢筋及混凝土工程

(1) 现浇混凝土 C20 圈梁。

(2) 现浇 C20 矩形梁。

(3) 现浇 C20 过梁。

(4) 混凝土场外集中搅拌。

(5) 混凝土运输车运输。

(6) 各型号的现浇混凝土Ⅰ级钢筋（光圆钢筋）和Ⅱ级钢筋（螺纹钢筋）的质量。

(7) 各型号的现浇混凝土箍筋的质量。

(8) 钢筋砖过梁中的钢筋（砌体加固筋焊接）。

(9) 预制板的安装。

(10) 预制板的灌缝。

5) 门窗工程

(1) M-1 铝合金平开门（成品）安装。

(2) M-2 铝合金门连窗（成品）安装。

(3) C-1 铝合金推拉窗（成品）安装。

6) 屋面及防水工程

(1) 基础防水砂浆防潮层。

(2) SBS 改性沥青防水卷材。

7) 保温、隔热、防腐工程

现浇水泥珍珠岩保温层。

8) 装饰工程

(1) 楼地面装饰工程。

① 找平层（地面找平层、屋面找平层）。

② 400mm×400mm 地板砖面层。

③ 瓷砖踢脚板。

(2) 墙、柱面装饰与隔断、幕墙工程。

① 外墙面水泥砂浆粘贴陶瓷锦砖。

② 内墙面混合砂浆抹面。

(3) 天棚工程。

① 天棚面混合砂浆抹面。

② 雨篷、挑檐底面板水泥砂浆抹面。

(4) 油漆、涂料、裱糊工程。

① 内墙面刮腻子、刷乳胶漆。

② 天棚刮腻子、刷乳胶漆。

③ 雨篷、挑檐底面板刮腻子、刷乳胶漆。

9) 构筑物及其他工程

C15 混凝土散水。

10) 施工技术措施项目

(1) 脚手架工程。

① 外脚手架（外墙、独立柱、梁）。

② 里脚手架。

③ 垂直封闭。

(2) 模板工程。

① 圈梁模板与支撑。

② 过梁模板与支撑。

③ 矩形梁模板与支撑。

(3) 施工运输工程。

① 建筑物垂直运输。

② 预制板的运输。

③ 大型机械基础。

④ 大型机械安装拆卸。

⑤ 大型机械场外运输。

3. 计算工程量

工程量计算表见表 1-16～表 1-18。

表 1-16　工程量计算表

序号	项目名称	计算公式	单位	工程量	备注
1	人工平整场地	以建筑物底层建筑面积计算，即 $S_{底}$	m^2	46.16	
2	竣工清理	$S_{底} \times 3.72 = 46.16 \times 3.72 \approx 171.72$	m^3	171.72	
3	基底钎探	$(0.8+2\times0.15) \times (L_{中}+L_{净}) + (0.8+2\times0.15) \times (0.8+2\times0.15) = 39.16+1.21=40.37$	m^2	40.37	
4	人工挖沟槽土方	基槽断面积 = $(0.8+2\times0.15)\times 1.2=1.32$ (m^2) 挖沟槽 = $1.32\times(L_{中}+L_{净})=1.32\times(29.20+6.40)\approx46.99$	m^3	46.99	
5	人工挖地坑土方	$(0.8+2\times0.15)\times(0.8+2\times0.15)\times1.2\approx1.45$	m^3	1.45	
6	基础回填土（夯填）	$V_{挖}$ - 室外地面以下基础及垫层体积 = $(46.99+1.45)-14.70$（砖基础）-5.83（垫层）$+(29.20+7.52)\times0.3\times0.24\approx30.55$ 注：砖基础体积是自室内地面计算的，所以需要再加上室内外高差 300mm 的基础体积	m^3	30.55	此项可在计算出基础体积之后计算

续表

序号	项目名称	计算公式	单位	工程量	备注
7	室内回填土（夯填）	回填土厚度 = 300－80－20－10 = 190（mm） 房心面积 $S_{房}$ × 回填土厚度 = 37.35 × 0.19 ≈ 7.10	m³	7.10	地板砖厚按10mm计算
8	余土外运	46.99 + 1.45 －（30.55 + 7.10）× 1.15 ≈ 5.14 注：需要将回填土夯填体积乘以1.15换算为天然密实体积	m³	5.14	正值为余土外运
9	基础C20混凝土垫层	条形基础垫层 =（$L_{中}$ + $L_{净}$）× 0.8 × 0.2 =（29.20 + 6.40）× 0.8 × 0.2 ≈ 5.70 独立基础垫层 = 0.8 × 0.8 × 0.2 ≈ 0.13	m³	5.83	
10	地面C15混凝土垫层	37.35 × 0.08 +（2.7 + 0.3）×（2 + 0.3）× 0.08 = 3.54	m³	3.54	
11	M5水泥砂浆，砖基础	砖基础断面积 =（1.5－0.2）× 0.24 + 0.12 × 3 × 0.06 × 4 ≈ 0.398（m²） 砖基础体积 =（$L_{中}$ + $L_{内}$）× 0.398 =（29.20 + 7.52）× 0.398 ≈ 14.61 柱基础体积 = 0.12 × 0.48 × 0.48 + 0.12 × 0.36 × 0.36 + 0.24 × 0.24 × 0.76 ≈ 0.089	m³	14.70	
12	M5混合砂浆，实心砖墙，厚度240mm	[$L_{中}$ ×（h－0.12－0.2）－19.56] × 0.24－V_{GL}（外墙）+ [$L_{内}$ ×（h'－0.2）－4.32] × 0.24（内墙）－$V_{砖GL}$ =（29.2 × 3.4－19.56）× 0.24－0.11 +（7.52 × 3.40－4.32）× 0.24 ≈ 24.12	m³	24.12	此项目可在计算出过梁体积后再算
13	M5混合砂浆，方形砖柱	0.24 × 0.24 ×（3.3 + 0.3）≈ 0.21	m³	0.21	该柱为室外柱，高度自室外地坪算起

续表

序号	项目名称	计算公式	单位	工程量	备注
14	现浇混凝土C20 圈梁	$0.24\times0.2\times(L_中+L_内-0.24\times2)=$ $0.24\times0.2\times(29.20+7.52-0.48)\approx$ 1.74	m^3	1.74	
15	现浇 C20 矩形梁	XL-1：$0.24\times0.3\times(2.7+0.24)\approx$ 0.21 XL-2：$0.24\times0.3\times2.0\approx0.14$	m^3	0.35	
16	现浇 C20 过梁	$V_{GL}=0.24\times0.18\times(2.0+0.25\times2)\approx0.11$	m^3	0.11	
17	混凝土场外集中搅拌	C15：5.11 C20：8.12	m^3	C15：5.11 C20：8.12	此值在混凝土汇总表计算后填入
18	混凝土运输车运输	C15：5.11 C20：8.12	m^3	C15：5.11 C20：8.12	
19	现浇混凝土Ⅰ级、Ⅱ级钢筋、箍筋的质量	GL：$\phi6.5$：单根长度 $=(0.24+0.18)\times2-0.05=0.79$ (m) 箍筋根数 $=[(2000+250\times2)/200]+1\approx14$（根） $0.79\times14\times0.260\approx2.88$ $\phi14$：$4\times(2.5-2\times0.025+2\times6.25\times0.014)\times1.208\approx12.68$ XL：$\phi6.5$：8.84 Ⅱ级钢 $\phi12$：9.02 Ⅱ级钢 $\phi14$：18.41 QL：$\phi6.5$：47.56 $\phi12$：150.60	kg	箍筋 $\phi6.5$：59.28 Ⅰ级钢 $\phi12$：150.60 $\phi14$：12.68 Ⅱ级钢 $\phi12$：9.02 $\phi14$：18.41	XL、QL 钢筋计算明细表见表 1-17 和表 1-18
20	钢筋砖过梁中的钢筋（砌体加固筋焊接）	$\phi12$：$[2\times(0.9+0.5+2\times6.25\times0.012)\times3+(1.5+0.5+2\times6.25\times0.012)\times6]\times0.888=22.2\times0.888\approx19.71$	kg	Ⅰ级钢 $\phi12$：19.71	
21	预制板的安装	$9\times(0.164+0.139+0.126)\approx3.86$	m^3	3.86	板体积

续表

序号	项目名称	计算公式	单位	工程量	备注
22	预制板的灌缝	$9\times(0.164+0.139+0.126)\approx3.86$	m^3	3.86	板体积
23	M-1铝合金平开门（成品）安装	$0.9\times2.4\times3=6.48$	m^2	6.48	
24	M-2铝合金门连窗（成品）安装	平开门面积$=1\times2.4=2.40$ 推拉窗面积$=1\times1.5=1.50$	m^2	2.40 1.50	
25	C-1铝合金推拉窗（成品）安装	$1.5\times1.5\times6=13.50$	m^2	13.50	
26	基础防水砂浆防潮层	墙厚$\times(L_{中}+L_{内})=0.24\times(29.20+7.52)\approx8.81$	m^2	8.81	
27	SBS改性沥青防水卷材	$(5+0.2\times2)\times(6.9+2.7+0.3\times2)=55.08$	m^2	55.08	
28	现浇水泥珍珠岩保温层	保温层平均厚度$=(5+0.2\times2)\times3\%\times0.5+0.08=0.161$（m） $(5+0.2\times2)\times(6.9+2.7+0.3\times2)\times0.161\approx8.87$	m^3	8.87	
29	地面找平层	$S_{房}+$入口处地面$=37.35+6.9=44.25$	m^2	44.25	
30	屋面找平层	$(5+0.2\times2)\times(6.9+2.7+0.3\times2)=55.08$	m^2	55.08	
31	400mm×400mm地板砖面层	$S_{房}+$门的开口部分$=37.35+0.9\times0.24\times3+1\times0.24\approx38.24$ 入口处地面$=(2.7+0.3)\times(2.0+0.3)=6.90$	m^2	45.14	

续表

序号	项目名称	计算公式	单位	工程量	备注
32	瓷砖踢脚板	内墙面＝[(5－0.24)×4＋(3.6－0.24)×2＋(3.3－0.24)×2＋(2.7－0.24)×2＋(3.0－0.24)×2－0.9×5－1.0×1]×0.15＝(42.32－5.5)×0.15＝36.82×0.15≈5.52 门洞口侧壁＝(0.24－0.08)×(2＋2＋1＋1)×0.15≈0.14	m²	5.66	门窗框以8mm计算
33	外墙面水泥砂浆粘贴陶瓷锦砖	$L_外$×(3.60＋0.30)－19.56＝30.16×3.90－19.56≈98.06	m²	98.06	19.56为外墙面上门窗洞口面积
34	内墙面混合砂浆抹面	42.32×3.6－0.9×2.4×5－3.9（M－2）≈137.65	m²	137.65	42.32为内墙面周长，在第31项算出
35	天棚面混合砂浆抹面	$S_房$	m²	37.35	
36	雨篷、挑檐底面板水泥砂浆抹面	雨篷、挑檐底面板抹灰：(9.6＋0.3×2)×2×0.08＋(5＋0.24)×2×0.18＋2.7×2.0＋(2.7－0.24＋2－0.24)×0.3×2≈11.45 雨篷柱面抹灰：0.24×4×(0.15＋3.3)≈3.31	m²	11.45 3.31	
37	内墙面、天棚刮腻子、刷乳胶漆	同内墙面抹灰 同天棚面抹灰	m²	137.65 37.35	均同相应的抹灰项目，腻子按成品腻子考虑
38	雨篷、挑檐底面板刮腻子、刷乳胶漆	同雨篷、挑檐底面板抹灰	m²	11.45	均同相应的抹灰项目，腻子按成品腻子考虑
39	C15混凝土散水	$L_外$×0.8＋0.8×0.8×4－0.3×(2.0＋2.7＋0.3)≈25.19	m²	25.19	

续表

序号	项目名称	计算公式	单位	工程量	备注
40	外脚手架（外墙、独立柱、梁）	外墙脚手架＝30.16×（0.3＋3.72）≈121.24（单排外脚手架） 独立柱脚手架＝（0.24×4＋3.6）×（0.15＋3.3）＝15.73（单排外脚手架） 梁脚手架＝（2.7＋2.0）×（0.3＋3.6）＝18.33（双排外脚手架）	m^2	单排 136.97 双排 18.33	按钢管脚手架考虑
41	里脚手架	7.52×3.6≈27.07	m^2	27.07	单墙面垂直投影面积按钢管脚手架考虑
42	垂直封闭	（30.16＋1.50×8）×（0.3＋3.72＋1.5）≈232.72	m^2	232.72	1.5m 为定额规定的护栏高，采用密目网
43	圈梁模板与支撑	0.2×2×（29.20＋7.52－0.48）≈14.50	m^2	14.50	圈梁两侧面支模，按复合木模板木支撑
44	过梁模板与支撑	（2.0＋0.25×2）×（0.18×2＋0.24）＝1.50	m^2	1.50	过梁两侧面及洞口处梁底部，按复合木模板木支撑
45	矩形梁模板与支撑	（0.3×2＋0.24）×（2.7＋2.0＋0.24）≈4.15	m^2	4.15	梁底面及两侧面，按复合木模板木支撑
46	建筑物垂直运输	标准层建筑面积 46.16	m^2	46.16	本工程按底层建筑面积计算，垂直运输暂按塔式起重机考虑
47	预制板的运输	9×（0.164＋0.139＋0.126）≈3.86	m^3	3.86	板运距按1km计算

续表

序号	项目名称	计算公式	单位	工程量	备注
48	大型机械基础	暂按10m³考虑	m³	10	塔式起重机独立式现浇基础
49	大型机械安装拆卸	暂按自升式塔式起重机考虑	台次	1	
50	大型机械场外运输	暂按自升式塔式起重机考虑	台次	1	

表1-17　XL钢筋计算明细表

楼层名称：首层					钢筋总重：36.27kg				
筋号	级别	直径	钢筋图形	计算公式	根数	总根数	单长/m	总长/m	总重/kg
构件名称：XL-1[1]			构件数量：1　构件位置：<3，A>，<4，A>				本构件钢筋重：20.54kg		
上部钢筋	Φ	12	2890	2700+240−2×25	2	2	2.89	5.78	5.13
下部钢筋	Φ	14	2890	2700+240−2×25	3	3	2.89	8.67	10.47
箍筋	Φ	6.5	250 190	2×[(240−2×25)+(300−2×25)]+2×(75+1.9×d)−(8×d)	19	19	1	19	4.94
构件名称：XL-1[2]			构件数量：1　构件位置：<4，A>，<4，B>				本构件钢筋重：15.73kg		
上部钢筋	Φ	12	2190	2000+240−2×25	2	2	2.19	4.38	3.89
下部钢筋	Φ	14	2190	2000+240−2×25	3	3	2.19	6.57	7.94
箍筋	Φ	6.5	250 190	2×[(240−2×25)+(300−2×25)]+2×(75+1.9×d)−(8×d)	15	15	1	15	3.9

表 1-18 QL 钢筋计算明细表

筋号	级别	直径	钢筋图形	计算公式	根数	总根数	单长/m	总长/m	总重/kg
楼层名称：首层									钢筋总重：198.16kg
构件名称：QL-1[1]			构件数量：1	构件位置：<1, C>，<4, C>				本构件钢筋重：49.21kg	
箍筋	φ	6.5	170 210	2×[(240−2×15)+(200−2×15)]+2×(75+1.9×d)+(8×d)	48	48	0.99	47.52	12.35
钢筋	φ	12	9810	9840−15−15+12.5×d	2	2	9.96	19.92	17.68
钢筋	φ	12	147 9810 147	9360+31×d+31×d+12.5×d+528	2	2	10.8	21.60	19.18
构件名称：QL-1[2]			构件数量：1	构件位置：<4, C>，<4, B>				本构件钢筋重：17.01kg	
钢筋	φ	12	3477	3120−15+31×d+12.5×d	2	2	3.63	7.26	6.45
钢筋	φ	12	147 3477	2880+31×d+31×d+12.5×d	2	2	3.77	7.54	6.70
箍筋	φ	6.5	170 210	2×[(240−2×15)+(200−2×15)]+2×(75+1.9×d)+(8×d)	15	15	0.99	14.85	3.86
构件名称：QL-1[3]			构件数量：1	构件位置：<4, B>，<3, B>				本构件钢筋重：15.46kg	
钢筋	φ	12	147 3177	2580+31×d+31×d+12.5×d	2	2	3.47	6.94	6.16
钢筋	φ	12	147 2910 147	2460+31×d+31×d+12.5×d	2	2	3.35	6.70	5.95
箍筋	φ	6.5	170 210	2×[(240−2×15)+(200−2×15)]+2×(75+1.9×d)+(8×d)	13	13	0.99	12.87	3.35
构件名称：QL-1[4]			构件数量：1	构件位置：<3, B>，<3, A>				本构件钢筋重：11.71kg	

续表

楼层名称：首层							钢筋总重：198.16kg		
筋号	级别	直径	钢筋图形	计算公式	根数	总根数	单长/m	总长/m	总重/kg
钢筋	Φ	12	147⌐ 2210 ⌐147	$1760+31\times d+31\times d+12.5\times d$	2	2	2.65	5.31	4.71
钢筋	Φ	12	147⌐ 2210	$2000-15+31\times d+12.5\times d$	2	2	2.51	5.01	4.45
箍筋	Φ	6.5	170 210	$2\times[(240-2\times15)+(200-2\times15)]+2\times(75+1.9\times d)+(8\times d)$	10	10	0.99	9.87	2.57
构件名称：QL-1[5]			构件数量：1　构件位置：<3，A>，<1，A>				本构件钢筋重：35.71kg		
钢筋	Φ	12	7377	$7020+31\times d-15+12.5\times d$	2	2	7.53	15.05	13.36
钢筋	Φ	12	147⌐ 7377 ⌐147	$6780+31\times d+31\times d+12.5\times d$	2	2	7.67	15.35	13.63
箍筋	Φ	6.5	170 210	$2\times[(240-2\times15)+(200-2\times15)]+2\times(75+1.9\times d)+(8\times d)$	34	34	0.99	33.56	8.73
构件名称：QL-1[6]			构件数量：1　构件位置：<1，A>，<1，C>				本构件钢筋重：25.98kg		
钢筋	Φ	12	5210	$5240-15-15+12.5\times d$	2	2	5.36	10.72	9.52
钢筋	Φ	12	147⌐ 5210 ⌐147	$4760+31\times d+31\times d+12.5\times d$	2	2	5.65	11.31	10.04
箍筋	Φ	6.5	170 210	$2\times[(240-2\times15)+(200-2\times15)]+2\times(75+1.9\times d)+(8\times d)$	25	25	0.99	24.68	6.42
构件名称：QL-1[7]			构件数量：1　构件位置：<2，C>，<2，A>				本构件钢筋重：26.51kg		
钢筋	Φ	12	147⌐ 5210 ⌐147	$4760+31\times d+31\times d+12.5\times d$	4	4	5.65	22.62	20.09

续表

楼层名称：首层							钢筋总重：198.16kg		
筋号	级别	直径	钢筋图形	计算公式	根数	总根数	单长/m	总长/m	总重/kg
箍筋	φ	6.5	170 ⌐210⌐	$2\times[(240-2\times15)+(200-2\times15)]+2\times(75+1.9\times d)+(8\times d)$	25	25	0.99	24.68	6.42

构件名称：QL-1[8]	构件数量：1	构件位置：<3,C>,<3,B>		本构件钢筋重：16.57kg					
钢筋	φ	12	147⌐3210⌐147	$2760+31\times d+31\times d+12.5\times d$	2	2	3.65	7.31	6.49
钢筋	φ	12	147⌐3210⌐	$3000+31\times d-15+12.5\times d$	2	2	3.51	7.01	6.22
箍筋	φ	6.5	170 ⌐210⌐	$2\times[(240-2\times15)+(200-2\times15)]+2\times(75+1.9\times d)+(8\times d)$	15	15	0.99	14.85	3.86

4. 工程量汇总

（1）先进行混凝土场外集中搅拌和混凝土运输车运输的工程量汇总计算，编制混凝土搅拌和混凝土运输工程量汇总表，见表1-19。

表1-19 混凝土搅拌和混凝土运输工程量汇总表

混凝土强度等级	项目名称	项目工程量/m³	定额单位	定额混凝土材料用量/m³	混凝土搅拌和混凝土运输工程量计算式	混凝土搅拌和混凝土运输工程量/m³
C15	C15混凝土地面垫层80mm厚	3.54	10m³	10.1000	3.54÷10×10.1000≈3.58	3.58
	C15混凝土散水	25.19	10m³	0.6060	25.19÷10×0.6060≈1.53	1.53
	小计					5.11
C20	圈梁	1.74	10m³	10.1000	1.74÷10×10.1000≈1.76	1.76
	过梁	0.11	10m³	10.1000	0.11÷10×10.1000≈0.11	0.11
	矩形梁	0.35	10m³	10.1000	0.35÷10×10.1000≈0.36	0.36

035

续表

混凝土强度等级	项目名称	项目工程量/m³	定额单位	定额混凝土材料用量/m³	混凝土搅拌和混凝土运输工程量计算式	混凝土搅拌和混凝土运输工程量/m³
C20	基础混凝土垫层	5.83	10m³	10.1000	5.83÷10×10.1000≈5.89	5.89
	小计					8.12

（2）按照消耗量定额中子目的编排顺序，分类列表统计整理工程量，见表1-20。

表1-20 工程量汇总表

序号	定额编号	项目名称	单位	工程量	备注
1	1-4-1	人工平整场地	m²	46.16	人工
2	1-4-3	竣工清理	m³	171.72	
3	1-4-4	基底钎探	m²	40.37	
4	1-2-6	人工挖沟槽土方	m³	46.99	普通土，深2m以内
5	1-2-11	人工挖地坑土方	m³	1.45	普通土，深2m以内
6	1-4-11	基础回填土（夯填）	m³	30.55	人工夯填
7	1-4-10	室内回填土（夯填）	m³	7.10	人工夯填
8	1-2-26	余土外运	m³	5.14	人工运土方，运距按20m计
9	2-1-28（换）	条形基础C20混凝土垫层	m³	5.70	人工、机械要乘系数；混凝土强度等级定额为C15，要换算成C20
10	2-1-28（换）	独立基础C20混凝土垫层	m³	0.13	人工、机械要乘系数；混凝土强度等级定额为C15，要换算成C20
11	2-1-28	地面C15混凝土垫层	m³	3.54	
12	4-1-1	M5水泥砂浆，砖基础	m³	14.70	
13	4-1-7	M5混合砂浆，实心砖墙，厚度240mm	m³	24.12	
14	4-1-2	M5混合砂浆，方形砖柱	m³	0.21	
15	5-1-21	现浇混凝土C20圈梁	m³	1.74	
16	5-1-20（换）	现浇C20矩形梁	m³	0.35	混凝土强度等级定额为C30，要换算成C20
17	5-1-22	现浇C20过梁	m³	0.11	
18	5-3-4	混凝土场外集中搅拌	m³	13.23	搅拌量按25m³/h

续表

序号	定额编号	项目名称	单位	工程量	备注
19	5-3-6	混凝土场外运输	m³	13.23	按混凝土运输车运输，运距为5km
20	5-4-30	现浇构件箍筋≤10	kg	59.28	箍筋为φ6.5
21	5-4-2	现浇构件钢筋 HPB300≤φ18	kg	163.28	Ⅰ级钢筋 φ12、14
22	5-4-6	现浇构件钢筋 HRB335≤φ18	kg	27.43	Ⅱ级钢筋 φ12、14
23	5-4-68（换）	钢筋砖过梁中的钢筋	kg	19.71	钢筋砖过梁钢筋，定额中钢筋为 φ8，要换算成 φ12
24	5-5-114	预制板的安装	m³	3.86	按不焊接考虑
25	5-5-116	预制板的灌缝	m³	3.86	
26	8-2-2	铝合金平开门（成品）安装	m²	8.88	M-1、M-2门连窗中的门
27	8-7-1	铝合金推拉窗（成品）安装	m²	15.00	C-1、M-2门连窗中的窗
28	9-2-69	基础防水砂浆防潮层	m²	8.81	
29	9-2-14	SBS改性沥青防水卷材	m²	55.08	一层，平面，按冷粘法考虑
30	10-1-11	现浇水泥珍珠岩保温层	m³	8.87	
31	11-1-1（换）	地面1:2水泥砂浆找平层20mm厚（在混凝土上）	m²	44.25	定额为1:3水泥砂浆，要换算成1:2水泥砂浆
32	11-1-1	屋面1:3水泥砂浆找平层30mm厚（在混凝土上）	m²	55.08	
33	11-1-3（换）	屋面1:3水泥砂浆找平层每增减5mm（增10mm）	m²	110.16	定额找平层厚度为20mm，设计做法为30mm
34	11-1-2	屋面1:3水泥砂浆找平层20mm厚（在填充材料上）	m²	55.08	
35	11-3-28	400mm×400mm地板砖水泥砂浆铺贴，周长≤1600mm	m²	45.14	
36	11-3-45	瓷砖踢脚板水泥砂浆铺贴	m²	5.66	
37	12-1-3	外墙面水泥砂浆抹灰	m²	98.06	
38	12-1-9	内墙面混合砂浆抹灰	m²	137.65	

续表

序号	定额编号	项目名称	单位	工程量	备注
39	12-1-7	雨篷柱面水泥砂浆抹灰	m²	3.31	抹灰做法同外墙
40	13-1-3	天棚混合砂浆抹灰	m²	37.35	
41	13-1-2	雨篷、挑檐底面板水泥砂浆抹灰	m²	11.45	抹灰厚度同天棚
42	14-4-9	内墙面刮成品腻子	m²	137.65	
43	14-3-7	内墙面刷乳胶漆	m²	137.65	
44	14-4-11	天棚刮成品腻子	m²	37.35	
45	14-3-9	天棚刷乳胶漆	m²	37.35	
46	14-4-11	雨篷、挑檐底面板刮成品腻子	m²	11.45	
47	14-3-17	雨篷、挑檐底面板刷乳胶漆	m²	11.45	
48	16-6-80	C15混凝土散水	m²	25.19	定额混凝土强度等级为C20，要换算成C15
49	17-1-6	单排外脚手架	m²	136.98	
50	17-1-7	双排外脚手架	m²	18.33	
51	17-2-5	单排里脚手架	m²	27.07	
52	17-6-6	垂直封闭	m²	232.72	
53	18-1-61	圈梁复合木模板木支撑	m²	14.50	
54	18-1-65	过梁复合木模板木支撑	m²	1.50	
55	18-1-57	矩形梁复合木模板，对拉螺栓，木支撑	m²	4.15	
56	19-1-14	建筑物垂直运输	m²	46.16	
57	19-2-1	预制板的运输	m³	3.86	
58	19-3-1	大型机械基础	m³	10	独立式基础，现浇混凝土
59	19-3-5	大型机械安装拆卸	台次	1	自升式塔式起重机安装拆卸
60	19-3-18	大型机械场外运输	台次	1	自升式塔式起重机场外运输

5. 编制单位工程预算表

(1) 编制定额单价换算表，见表1-21。

表1-21 定额单价换算表

换算定额编号	换算前定额单价/元				换算要求	换算计算式	换算后定额单价/元			
	单价	人工费	材料费	机械费			单价	人工费	材料费	机械费
2-1-28	5487.70	913.00	4567.69	7.01	混凝土强度等级换为C20；条形基础人工机械乘系数1.05	913.00×1.05＋4567.69＋10.10×(480.00－450.00)＋7.01×1.05	5836.70	958.65	4870.69	7.36
5-1-20	6493.14	1012.00	5475.22	5.92	混凝土强度等级定额为C30，要换为C20	5475.22＋10.10×(470.00－490.00)	6291.14	1012.00	5273.22	5.92
5-4-68	6204.02	1212.20	4690.31	301.51	钢筋种类定额为φ8，要换为φ12	4690.31＋1.02×(4450.00－4510.00)	6142.82	1212.20	4629.11	301.51
...	...									
...	...									

(2) 编制建筑工程单位工程预算表，见表1-22。

表1-22 建筑工程单位工程预算表

序号	定额编号	项目名称	单位	工程量	单价/元	合价/元	其中		
							人工合价/元	材料合价/元	机械合价/元
1	1-4-1	人工平整场地	10m²	4.616	52.5	242.34	242.34		
2	1-4-3	竣工清理	10m³	17.172	27.5	472.23	472.23		
3	1-2-6	人工挖沟槽普通土，槽深≤2m	10m³	4.699	440	2067.56	2067.56		

续表

序号	定额编号	项目名称	单位	工程量	单价/元	合价/元	其中		
							人工合价/元	材料合价/元	机械合价/元
4	1-2-11	人工挖地坑普通土，坑深≤2m	10m³	0.145	466.25	67.61	67.61		
5	1-4-4	平整场地及其他，基底钎探	10m²	4.037	83.24	336.04	211.94	57.53	66.57
6	1-4-11	人工夯填槽坑	10m³	3.055	252.19	770.44	767.57	2.87	
7	1-4-10	人工夯填地坪	10m³	0.710	192.19	136.45	135.79	0.67	
8	1-2-26	人工运土方运距≤20m	10m³	0.514	263.75	135.57	135.57		
9	2-1-28（换）	C15无筋混凝土垫层，若为条形基础垫层，人工×1.05，机械×1.05；换为C20现浇混凝土，碎石＜40	10m³	0.570	5967.43	3401.44	620.95	2776.29	0
10	2-1-28（换）	C15无筋混凝土垫层，若为独立基础垫层，人工×1.1，机械×1.1；换为C20现浇混凝土，碎石＜40	10m³	0.013	6019.65	78.26	14.84	63.32	0.1
11	2-1-28	C15无筋混凝土垫层	10m³	0.354	5612.2	1986.72	367.28	1616.96	2.48

续表

序号	定额编号	项目名称	单位	工程量	单价/元	合价/元	其中		
							人工合价/元	材料合价/元	机械合价/元
12	4-1-1	M5 水泥砂浆砖基础	10m³	1.470	5167.55	7596.3	2015.74	5501.12	79.44
13	4-1-7	M5 混合砂浆实心砖墙厚240mm	10m³	2.412	5475.58	13207.10	3835.08	9246.04	125.98
14	4-1-2	M5 混合砂浆方形砖柱	10m³	0.021	6381.23	134.01	51.4	81.59	1.01
15	5-1-21	C20 圈梁及压顶	10m³	0.174	8417.74	1464.69	556.8	906.86	1.03
16	5-1-20（换）	C30 单梁、斜梁、异形梁、拱形梁换为C20现浇混凝土，碎石<31.5	10m³	0.035	6429.14	225.02	40.25	184.56	0.21
17	5-1-22	C20 过梁	10m³	0.011	9580.53	105.39	41.58	63.74	0.07
18	5-3-4	场外集中搅拌混凝土25m³/h	10m³	1.323	382.57	506.14	107.49	40.02	358.63
19	5-3-6	运输混凝土，混凝土运输车运距≤5km	10m³	1.323	306.91	406.04			406.04
20	5-4-30	现浇构件箍筋≤φ10	t	0.05928	7357.22	436.14	157.24	273.9	5

续表

序号	定额编号	项目名称	单位	工程量	单价/元	合价/元	其中		
							人工合价/元	材料合价/元	机械合价/元
21	5-4-2	现浇构件钢筋HPB300≤φ18	t	0.16328	5960.2	973.18	184.1	774.42	14.67
22	5-4-6	现浇构件钢筋HRB335（HRB400）≤φ18	t	0.02743	6070.97	166.53	33.36	129.9	3.27
23	5-4-68（换）	砌体加固筋焊接≤φ8 换为钢筋φ12	t	0.1971	6542.72	128.96	27.15	95.86	5.94
24	5-5-114	塔式起重机安装空心板（不焊接），每个构件体积≤0.6m³	10m³	0.386	6868.9	2651.40	113.39	2538.01	
25	5-5-116	空心板灌缝	10m³	0.386	2257.76	871.50	396.62	470.94	3.94
26	8-2-2	铝合金平开门	10m²	0.888	4459.57	3960.10	333	3627.1	
27	8-7-1	铝合金推拉窗	10m²	1.500	3771	5656.50	382.5	5274	
28	9-2-69	防水砂浆掺防水粉厚20mm	10m²	0.881	235.16	207.18	91.4	110.22	5.55
29	9-2-14	改性沥青卷材冷粘法一层平面	10m²	5.508	582.41	3207.91	151.47	3056.44	

续表

序号	定额编号	项目名称	单位	工程量	单价/元	合价/元	其中		
							人工合价/元	材料合价/元	机械合价/元
30	10-1-11	混凝土板上保温现浇水泥珍珠岩	10m³	0.887	3560.01	3157.73	1034.46	2123.27	
31	11-1-1（换）	水泥砂浆在混凝土或硬基层上20mm 换为水泥抹灰砂浆1:2	10m²	4.425	220.09	973.9	460.73	492.77	20.4
32	11-1-1	水泥砂浆在混凝土或硬基层上20mm	10m²	5.508	208.53	1148.58	573.49	549.7	25.39
33	11-1-3（换）	水泥砂浆每增减5mm	10m²	11.016	35.02	385.78	120.74	252.38	12.67
34	16-6-80（换）	混凝土散水3:7灰土垫层换为C15现浇混凝土碎石＜40	10m²	2.519	736.54	1855.34	632.9	1210.48	11.97
35	17-1-6	单排外钢管脚手架≤6m	10m²	13.698	134.88	1847.59	787.64	832.02	227.93
36	17-1-7	双排外钢管脚手架≤6m	10m²	1.833	183.88	337.05	146.64	146.48	43.94
37	17-2-5	单排里钢管脚手架≤3.6m	10m²	2.707	72.43	196.07	148.89	18.06	29.13

续表

序号	定额编号	项目名称	单位	工程量	单价/元	合价/元	其中		
							人工合价/元	材料合价/元	机械合价/元
38	17-6-6	密目网垂直封闭	10m²	23.272	136.53	3177.33	581.8	2595.53	
39	18-1-61	圈梁直形复合木模板木支撑	10m²	1.450	683.69	991.35	424.13	565.21	2.02
40	18-1-65	过梁复合木模板木支撑	10m²	0.150	1002.56	150.38	67.31	82.66	0.41
41	18-1-57	矩形梁复合木模板对拉螺栓木支撑	10m²	0.415	862.95	358.12	128.65	228.44	1.04
42	19-1-14	檐高≤20m砖混结构垂直运输标准层建筑面积≤500m²	10m²	4.616	692.86	3198.24	375.05		2823.19
43	19-2-1	长度≤4m混凝土构件水平运输运距≤1km	10m³	0.386	1992.3	769.03	168.39	55.88	544.76
44	19-3-1	现浇混凝土独立式基础	10m³	1	10723.88	10723.88	2111.25	8502.15	110.48
45	19-3-5	自升式塔式起重机安拆檐高≤20m	台次	1	11485.21	11485.21	5000	370.5	6114.71

续表

序号	定额编号	项目名称	单位	工程量	单价/元	合价/元	其中		
							人工合价/元	材料合价/元	机械合价/元
46	19-3-18	自升式塔式起重机场外运输 檐高≤20m	台次	1	10887.36	10887.36	1875	150.64	8861.72
	合计					103241.69	28259.68	55068.53	19913.89

(3) 编制装饰装修工程单位工程预算表，见表1-23。

表1-23 装饰装修工程单位工程预算表

序号	定额编号	项目名称	单位	工程量	单价/元	合价/元	其中		
							人工合价/元	材料合价/元	机械合价/元
1	11-1-2	水泥砂浆在填充材料上 20mm	10m²	5.508	240.81	1326.38	618.77	675.89	31.73
2	11-3-28	楼地面 水泥砂浆 周长≤1600mm	10m²	4.514	1135.57	5125.96	1620.26	3448.52	57.19
3	11-3-45	地板砖 踢脚板 直线形 水泥砂浆	10m²	0.566	1761.69	997.12	421.06	569.02	7.04
4	12-1-3	水泥砂浆（厚9+6mm）砖墙	10m²	9.806	273.64	2683.31	1840.49	803.99	38.83
5	12-1-9	混合砂浆（厚9+6mm）砖墙	10m²	13.765	243.72	3354.81	2319.54	980.76	54.51
6	12-1-7	水泥砂浆（厚9+6mm）柱面	10m²	0.331	321.00	106.25	78.90	26.10	1.25

续表

序号	定额编号	项目名称	单位	工程量	单价/元	合价/元	其中		
							人工合价/元	材料合价/元	机械合价/元
7	13-1-3	混凝土面天棚,混合砂浆(厚度5+3mm)	10m²	3.735	230.49	860.88	670.32	181.15	9.41
8	13-1-2	混凝土面天棚,水泥砂浆(厚度5+3mm)	10m²	1.145	235.59	269.75	205.49	61.37	2.89
9	14-4-9	满刮成品腻子,内墙抹灰面二遍	10m²	13.765	197.55	2719.28	622.32	2096.96	
10	14-3-7	室内乳胶漆二遍,墙、柱面光面	10m²	13.765	100.70	1386.14	716.61	669.53	
11	14-4-11	满刮成品腻子,天棚抹灰面二遍	10m²	3.735	203.03	758.32	189.33	568.99	
12	14-3-9	室内乳胶漆二遍天棚	10m²	3.735	115.56	431.62	240.50	191.12	
13	14-4-11	满刮成品腻子,天棚抹灰面二遍	10m²	1.145	203.03	232.47	58.04	174.43	
14	14-3-17	室外乳胶漆二遍,零星项目	10m²	1.145	171.19	196.01	105.10	90.91	
		合计				20448.30	9706.73	10538.74	202.85

6. 编制取费程序表

建筑工程类别:根据工程性质、规模(民用建筑,砖混结构,檐高 3.72m,面积 46.16m²)确定属于Ⅲ类工程。装饰工程类别:接待室属于民用建筑工程中的公共建筑,属于Ⅱ类工程。

工程所在地为济南,查表确定各项费率,编制建筑工程、装饰装修工程取费程序表,分别见表 1-24 和表 1-25。

表 1-24 建筑工程取费程序表

序号	费用名称	费率/%	计算方法	费用金额/元
一	分部分项工程费		∑{[定额∑(工日消耗量×人工单价)+∑(材料消耗量×材料单价)+∑(机械台班消耗量×台班单价)]×分部分项工程量}	59120.08
(一)	计费基础 JD1		∑(工程量×省人工费)	14465.26
二	措施项目费		2.1+2.2	45422.53
2.1	单价措施费		∑{[定额∑(工日消耗量×人工单价)+∑(材料消耗量×材料单价)+∑(机械台班消耗量×台班单价)]×单价措施项目工程量}	44121.61
2.2	总价措施费		(1)+(2)+(3)+(4)	1300.92
(1)	夜间施工费	2.8	计费基础 JD1×费率	405.03
(2)	二次搬运费	2.4	计费基础 JD1×费率	347.17
(3)	冬雨季施工增加费	3.2	计费基础 JD1×费率	462.89
(4)	已完工程及设备保护费	0.15	省价人材机之和×费率	85.83
(二)	计费基础 JD2		∑措施费中 2.1、2.2 中省价人工费	10708.40
三	其他项目费		3.1+3.3+3.4+3.5+3.6+3.7+3.8	
3.1	暂列金额			
3.2	专业工程暂估价			
3.3	特殊项目暂估价			
3.4	计日工			
3.5	采购保管费			
3.6	其他检验试验费			
3.7	总承包服务费			
3.8	其他			
四	企业管理费	25.4	(JD1+JD2)×管理费费率	6394.11
五	利润	15	(JD1+JD2)×利润率	3776.05
六	规费		6.1+6.2+6.3+6.4+6.5+6.6	7135.13
6.1	安全文明施工费		(1)+(2)+(3)+(4)	4921.18

续表

序号	费用名称	费率/%	计算方法	费用金额/元
(1)	安全施工费	2.16	(一+二+三+四+五)×费率	2477.80
(2)	环境保护费	0.56	(一+二+三+四+五)×费率	642.39
(3)	文明施工费	0.65	(一+二+三+四+五)×费率	745.63
(4)	临时设施费	0.92	(一+二+三+四+五)×费率	1055.36
6.2	社会保险费	1.4	(一+二+三+四+五)×费率	1605.98
6.3	住房公积金	0.19	(一+二+三+四+五)×费率	217.95
6.4	环境保护税	0.24	(一+二+三+四+五)×费率	275.31
6.5	建设项目工伤保险	0.1	(一+二+三+四+五)×费率	114.71
6.6	优质优价费	0	(一+二+三+四+五)×费率	
七	设备费		Σ(设备单价×设备工程量)	
八	税金	3	(一+二+三+四+五+六+七-甲供材料、设备款)×税率	3655.44
九	不取费项目合计			
十	工程费用合计		一+二+三+四+五+六+七+八+九	125503.34

表 1-25 装饰装修工程取费程序表

序号	费用名称	费率/%	计算方法	费用金额/元
一	分部分项工程费		Σ{[定额Σ(工日消耗量×人工单价)+Σ(材料消耗量×材料单价)+Σ(机械台班消耗量×台班单价)]×分部分项工程量}	20448.30
(一)	计费基础JD1		Σ(工程量×省人工费)	8502.12
二	措施项目费		2.1+2.2	1057.63
2.1	单价措施费		Σ{[定额Σ(工日消耗量×人工单价)+Σ(材料消耗量×材料单价)+Σ(机械台班消耗量×台班单价)]×单价措施项目工程量}	
2.2	总价措施费		(1)+(2)+(3)+(4)	1057.63
(1)	夜间施工费	4	计费基础JD1×费率	340.08
(2)	二次搬运费	3.6	计费基础JD1×费率	306.08
(3)	冬雨季施工增加费	4.5	计费基础JD1×费率	382.60

续表

序号	费用名称	费率/%	计算方法	费用金额/元
（4）	已完工程及设备保护费	0.15	省价人材机之和×费率	28.87
（二）	计费基础 JD2		∑措施费中 2.1、2.2 中省价人工费	260.09
三	其他项目费		3.1＋3.3＋3.4＋3.5＋3.6＋3.7＋3.8	
3.1	暂列金额			
3.2	专业工程暂估价			
3.3	特殊项目暂估价			
3.4	计日工			
3.5	采购保管费			
3.6	其他检验试验费			
3.7	总承包服务费			
3.8	其他			
四	企业管理费	52.4	（JD1＋JD2）×管理费费率	4591.40
五	利润	23.8	（JD1＋JD2）×利润率	2085.41
六	规费		6.1＋6.2＋6.3＋6.4＋6.5＋6.6	1662.78
6.1	安全文明施工费		（1）＋（2）＋（3）＋（4）	1118.85
（1）	安全施工费	2.16	（一＋二＋三＋四＋五）×费率	608.75
（2）	环境保护费	0.12	（一＋二＋三＋四＋五）×费率	33.82
（3）	文明施工费	0.1	（一＋二＋三＋四＋五）×费率	28.18
（4）	临时设施费	1.59	（一＋二＋三＋四＋五）×费率	448.11
6.2	社会保险费	1.4	（一＋二＋三＋四＋五）×费率	394.56
6.3	住房公积金	0.19	（一＋二＋三＋四＋五）×费率	53.55
6.4	环境保护税	0.24	（一＋二＋三＋四＋五）×费率	67.64
6.5	建设项目工伤保险	0.1	（一＋二＋三＋四＋五）×费率	28.18
6.6	优质优价费	0	（一＋二＋三＋四＋五）×费率	
七	设备费		∑（设备单价×设备工程量）	
八	税金	3	（一＋二＋三＋四＋五＋六＋七－甲供材料、设备款）×税率	895.37
九	不取费项目合计			
十	工程费用合计		一＋二＋三＋四＋五＋六＋七＋八＋九	30740.89

> **特别提示**
>
> **编 制 说 明**
>
> (1) 编制依据。
>
> ① 本预算为某接待室建筑装饰工程预算。该接待室建筑面积为 46.16m², 单层建筑, 砖混结构, 檐高 4.02m。
>
> ② 本预算依据接待室建筑、结构施工图样编制。
>
> ③ 本预算采用《山东省建筑工程消耗量定额》和《山东省建筑工程价目表》编制。
>
> ④ 本预算采用《山东省建设工程费用项目组成及计算规则》及造价管理部门颁布的最新费率系数进行取费。
>
> ⑤ 建筑工程按Ⅲ类工程计取费用, 装饰装修工程按Ⅱ类工程计取费用。
>
> (2) 其他需说明的问题。
>
> ① 未考虑设计变更或图样会审记录的内容。
>
> ② 未按照材料市场价格进行材料差价调整。
>
> ③ 现浇混凝土项目采用场外集中搅拌, 搅拌量按 25 m³/h 计。
>
> ④ 预制构件运距按照 5km 以内计。
>
> ⑤ 未考虑屋面排水, 按照无组织排水编制。
>
> ⑥ 建筑、装饰人工工日单价未做调整。

7. 编制封面并校核装订

某接待室工程施工图预算书封面如图 1.7 所示。

施工图预算书

工程名称: 某接待室工程预算	工程地点: 山东省济南市区
建筑面积: 46.16m²	结构类型: 砖混结构
工程造价: 156244.23元	单方造价: 3384.84元/m²
建设单位: 山东省济南市×××局	施工单位: 山东省济南市××建筑公司
(公章)	(公章)
审批部门: _____	编制人: ×××
(公章)	(印章)
××××年××月××日	××××年××月××日

图 1.7 某接待室工程施工图预算书封面

最后, 校核审阅并按照要求的顺序装订成稿。

任务 1.4 某住宅楼施工图设计文件 (实训)

下面为某住宅楼施工图设计文件, 试根据该施工图设计内容, 编制出该工程的施工图预算（定额计价模式）。

1.4.1　建筑设计总说明及建筑做法说明

建筑设计总说明如附图1所示，建筑做法说明如附图2所示。

1.4.2　结构设计总说明

结构设计总说明如附图19所示。

1.4.3　某住宅楼施工图

某住宅楼施工图如附图1～附图28所示。

附图1～附图28同步放大图

项目 2 建筑工程工程量清单计价实训

教学目标

本项目的教学目标：培养学生系统全面地总结、运用所学的建筑工程工程量清单计价办法编制建筑工程工程量清单的能力；使学生能够做到理论联系实际、产学结合，具备独立分析解决问题的能力。

学习要求

能力目标	知识要点	相关知识	权重
掌握基本识图能力	正确识读工程图样，理解建筑、结构做法和详图	制图规范、建筑图例、结构构件、节点做法	10%
掌握分部分项工程清单项目的划分	根据工程量计算规则和图样内容正确划分各分部分项工程	清单子目组成、工程量计算规则、工程图样具体内容	15%
掌握清单工程量的计算方法和清单子目的正确套用	根据清单工程量的计算规则，正确计算各分部分项工程量，并正确套用清单子目	清单工程量计算规则的运用	35%
掌握分部分项工程量清单与计价表，措施项目清单与计价表，其他项目清单与计价表，规费、税金项目计价表的编制	综合单价的确定，措施项目费的确定，暂列金额、暂估价的确定，计日工、总承包服务费的确定，规费和税金的确定	通用措施项目、专业措施项目、暂列金额、暂估价、计日工、总承包服务费、规费及税金	40%

任务 2.1　建筑工程工程量清单计价实训任务书

2.1.1　实训目的和要求

1. 实训目的

（1）通过建筑工程工程量清单与计价编制的实际训练，提高学生正确贯彻执行国家建设工程相关法律、法规并正确应用国家现行的《建设工程工程量清单计价规范》《房屋建筑与装饰工程工程量计算规范》《山东省建设工程工程量清单计价规则》、建筑工程设计和施工规范、标准图集等规范与标准的基本技能。

（2）提高学生运用所学的专业理论知识解决工程实际问题的能力。

（3）培养学生编制建筑工程工程量清单与计价的专业技能，使学生熟练掌握建筑工程工程量清单的编制方法和计价技巧。

2. 实训要求

（1）要求完成案例工程建筑物的建筑工程部分的工程量清单与计价的全部内容。本项目主要内容包括：分部分项工程量清单与计价、措施项目清单与计价、其他项目清单与计价、规费与税金项目计价。

《建设工程工程量清单计价规范》

（2）学生在实训结束后，所完成的建筑工程工程量清单与计价必须满足以下标准。

① 建筑工程工程量清单与计价的内容必须完整、正确。

② 采用现行《建设工程工程量清单计价规范》统一的表格，规范填写建筑工程工程量清单与计价的各项内容，且要求字迹工整、清晰。

③ 按规定的顺序装订成册。

（3）课程实训期间，必须发扬实事求是的科学精神，进行深入分析、研究和计算，按照指导要求进行课程实训，严禁捏造、抄袭等行为，力争使自己的实训技能得到显著提升。

（4）课程实训应独立完成，遇有争议的问题可以相互讨论，但不准抄袭他人；否则，一经发现，相关责任者的课程实训成绩以零分计。

2.1.2　实训内容

1. 工程资料

已知某工程资料如下。

（1）建筑施工图、结构施工图见附图（见任务 2.4）。

（2）建筑设计说明、建筑做法说明、结构设计总说明见工程施工图（见任务 2.4）。

（3）其他未尽事项，可根据规范、规程、图集及具体情况讨论选用，并在编制说明中注明。例如，混凝土采用场外集中搅拌（25m³/h），混凝土运输车运输（运距5km），非泵送混凝土；除预制板外，其他混凝土构件采用现浇方式；等等。

2. 编制内容

根据现行的《建设工程工程量清单计价规范》《山东省建设工程工程量清单计价规则》《山东省建筑工程消耗量定额》《山东省建筑工程价目表》《山东省人工、材料、机械台班单价表》和指定的施工图设计文件等资料，编制以下内容。

1) 建筑工程工程量清单编制文件

（1）列项目，计算工程量，编制分部分项工程量清单与计价表。

（2）编制措施项目清单与计价表，包括单价措施项目清单与计价表、总价措施项目清单与计价表。

（3）编制其他项目清单与计价表，包括以下内容。

① 其他项目清单与计价汇总表。

② 暂列金额明细表。

③ 暂估价表，包括材料（工程设备）暂估单价及调整表、专业工程暂估价及结算价表。

④ 计日工表。

⑤ 总承包服务费计价表。

（4）编制规费、税金项目计价表。

（5）编制总说明。

（6）填写封面，整理装订成册。

2) 建筑工程投标报价编制文件

（1）编制分部分项工程量清单与计价表。

（2）编制单价措施项目清单与计价表。

（3）编制综合单价分析表。

（4）编制总价措施项目清单与计价表。

（5）编制其他项目清单与计价表，包括以下内容。

① 其他项目清单与计价汇总表。

② 暂列金额明细表。

③ 暂估价表，包括材料（工程设备）暂估单价及调整表、专业工程暂估价及结算价表。

④ 计日工表。

⑤ 总承包服务费计价表。

（6）编制规费、税金项目计价表。

（7）编制单位工程投标报价汇总表。

（8）编制单项工程投标报价汇总表。

（9）编制总说明。

（10）填写封面，整理装订成册。

2.1.3 实训时间安排

实训时间安排见表 2-1。

表 2-1 实训时间安排

序号	内容		时间/天
1	实训准备工作,熟悉图纸、清单计价规范,了解工程概况,进行项目划分		0.5
2	编制工程量清单	列项目,计算工程量,编制分部分项工程量清单与计价表,编制措施项目清单与计价表	1.0
		编制其他项目清单与计价表,编制规费、税金项目计价表	1.0
3	编制投标报价	编制分部分项工程量清单与计价表,编制单价措施项目清单与计价表,编制综合单价分析表,编制总价措施项目清单与计价表	1.0
		编制其他项目清单与计价表,编制规费、税金项目计价表,编制单位工程投标报价汇总表,编制单项工程投标报价汇总表	1.0
4	复核,编制总说明,填写封面,整理装订成册		0.5
5	合 计		5.0

任务 2.2 建筑工程工程量清单计价实训指导书

2.2.1 编制依据

(1) 施工图设计文件。
(2) 现行的《建设工程工程量清单计价规范》和《山东省建设工程工程量清单计价规则》等。
(3) 现行的施工规范、工程验收规范等标准。
(4) 现行的《山东省建筑工程消耗量定额》《山东省建筑工程价目表》和《山东省人工、材料、机械台班单价表》等。
(5) 工程所在地的一般施工单位就该类工程常规的施工方法。
(6) 建筑工程招标要求。
(7) 有关造价政策及文件。

2.2.2 编制步骤和方法

1. 编制工程量清单

1) 熟悉施工图设计文件

(1) 熟悉图纸、设计说明,了解工程性质,对工程情况有初步了解。

(2) 熟悉平面图、立面图和剖面图,核对尺寸。

(3) 查看详图和做法说明,了解细部做法。

2) 熟悉施工组织设计资料

了解施工方法和施工机械的选择、工具设备的选择、脚手架种类的选择、模板支撑种类的选择、运输距离的远近等。

3) 熟悉建设工程工程量清单计价规范(或计算规则)

了解清单各项目的划分、工程量计算规则,掌握各清单项目的项目编码、项目名称、项目特征、计量单位及工作内容。

4) 列项目,计算工程量并编制工程量计算书

工程量计算必须根据设计图纸和说明提供的工程构造、设计尺寸和做法要求,结合施工组织设计和现场情况,按照清单的项目划分、工程量计算规则和计量单位的规定,对每个分项工程的工程量进行具体计算。它是工程量清单编制工作中一个细致、重要的环节。

为了做到计算准确、便于审核,工程量计算的总体要求有以下几点。

① 根据设计图纸、施工说明书、《建设工程工程量清单计价规范》和《山东省建设工程工程量清单计价规则》的规定要求,计算各分部分项工程量。

② 工程量计算所取定的尺寸和工程量计量单位要符合清单计价办法的规定。

③ 尽量按照"一数多用"的计算原则进行工程量计算,以加快计算速度。

④ 门窗、洞口、预制构件要结合建筑平面图、立面图对照清点,也可列出数量、面积、体积明细表,以备扣除门窗、洞口面积和预制构件体积之用。

工程量计算的具体步骤如下。

(1) 计算基数("四线两面")。

① 计算外墙中心线长度 $L_中$(若外墙基础断面不同,应分段计算),内墙净长线长度 $L_内$(若内墙厚度不同,应分段计算),内墙基础垫层净长线长度 $L_{净垫}$(或内墙混凝土基础净长线长度 $L_{净基础}$;若垫层或基础断面不同,应分段计算)和外墙外边线长度 $L_外$;计算底层建筑面积 $S_底$ 和房心净面积 $S_房$。

② 编制基数计算表,其样表见表 2-2。

表 2-2 基数计算表(样表)

序号	基数名称	单位	数量	计算式
一	外墙中心线长度 $L_中$	m	29.20	(5.0+3.6+3.3+2.7)×2
二	内墙净长线长度 $L_内$	m	…	…

续表

序号	基数名称	单位	数量	计算式
1	$L_{内1}$（120墙）	m	…	…
2	$L_{内2}$（240墙）	m	…	…
三	外墙外边线长度 $L_{外}$	m	…	…
…	…	…	…	…

(2) 计算门窗及洞口工程量，编制门窗及洞口工程量计算表，其样表见表2-3。

表2-3 门窗及洞口工程量计算表（样表）

门窗代号	洞口尺寸		每樘面积 /m²	总樘数	总面积 /m²	所在部位			备注
	宽/mm	高/mm				外墙 240mm	内墙 240mm	内墙 120mm	
M-1	900	2400	2.16	5	10.8	4.32	2.16	4.32	
M-2	…	…	…	…	…	…	…	…	
…	…	…	…	…	…	…	…	…	
门窗面积小计									
洞口面积小计					…				

(3) 正确划分计算项目，编制工程量计算表，其样表见表2-4。

表2-4 工程量计算表（样表）

序号	项目编码	项目名称	项目特征	计算公式	计量单位	工程量	备注
1	010101001001	人工场地平整	1. 土壤类别：Ⅲ类土 2. 弃土运距：1km 3. 取土运距：1km	按设计图示尺寸，以建筑物首层建筑面积计算	m²	…	
2	…	…	…	…	…	…	
3	…	…	…	…	…	…	

5）编制分部分项工程量清单与计价表

编制分部分项工程量清单与计价表，其样表见表2-5。

表 2-5 分部分项工程量清单与计价表（样表）

工程名称：　　　　　　　　　　标段：　　　　　　　　　　第　页 共　页

序号	项目编码	项目名称	项目特征	计量单位	工程量	金额/元		
						综合单价	合价	其中：暂估价
1	010101001001	人工场地平整	1. 土壤类别：Ⅱ类土 2. 土方就地挖、填、找平	m^2	716			
2	…	…	…	…	…			
3	…	…	…	…	…			
				本页小计				
				合　计				

表 2-5 说明如下。

（1）本表中的"项目编码""项目名称""项目特征""计量单位"及"工程量"应根据国家标准《房屋建筑与装饰工程工程量计算规范》和《山东省建设工程工程量清单计价规则》进行编制，是拟建工程分项"实体"工程项目及相应数量的清单，编制时应执行"五统一"的规定，不得因情况不同而变动。

（2）本表中项目编码的前 9 位应按国家标准《房屋建筑与装饰工程工程量计算规范》中的项目编码进行填写，不得变动，后 3 位由工程量清单编制人根据清单项目设置的数量进行编制。其中第一位和第二位为专业工程代码，例如，"01"代表房屋建筑与装饰工程，"02"代表仿古建筑工程，"03"代表通用安装工程，"04"代表市政工程，"05"代表园林绿化工程，"06"代表矿山工程，"07"代表构筑物工程，"08"代表城市轨道交通工程，"09"代表爆破工程；第三位和第四位为附录分类顺序码，例如，"01"代表附录 A 土石方工程、"02"代表附录 B 地基处理与边坡支护工程，等等；第五位和第六位为分部工程顺序码，例如，附录 A 中"01"代表土方工程，"02"代表石方工程，"03"代表回填，等等；第七位至第九位为分项工程项目名称顺序码，例如，附录 A 土方工程项目编码"010101001"中"001"代表平整场地，"010101002"中"002"代表挖一般土方，"010101003"中"003"代表挖沟槽土方，等等；第十位至第十二位为清单项目名称顺序码，如 001、002 等。

（3）编制工程量清单时，清单项目名称应结合拟建工程实际，按国家标准《房屋建筑与装饰工程工程量计算规范》和《山东省建设工程工程量清单计价规则》表中的相应项目名称填写，并将拟建工程项目的具体项目特征根据要求填写在"项目特征"栏中。

（4）本表中的计量单位应按国家标准《房屋建筑与装饰工程工程量计算规范》和《山东省建设工程工程量清单计价规则》表中的相应计量单位确定。

（5）本表中的工程量应按国家标准《房屋建筑与装饰工程工程量计算规范》和《山东省建设工程工程量清单计价规则》表中的"工程数量"栏内规定的计算方法进行计算。

工程量的有效位数应遵循下列规定。

① 以"t"为单位，应保留小数点后三位数字，第四位四舍五入。

② 以"m³""m²""m"为单位，应保留小数点后两位数字，第三位四舍五入。

③ 以"个""项"等为单位，应取整数。

(6) 项目特征描述技巧如下。

① 必须描述的内容。

a. 涉及正确计量的内容必须描述，如门窗洞口尺寸或框外围尺寸。

b. 涉及结构要求的内容必须描述，如混凝土构件的混凝土强度等级，是使用C20还是C30或C40等，因混凝土强度等级不同，其价格也不同。

c. 涉及材质要求的内容必须描述，如油漆的品种，是调和漆还是硝基清漆等。

d. 涉及安装方式的内容必须描述，如管道工程中，钢管的连接方式是螺纹连接还是焊接等。

② 可不详细描述的内容。

a. 无法准确描述的内容可不详细描述，如土壤类别。由于我国幅员辽阔，南北东西差异较大，特别是南方地区，在多数情况下，同一地点的表层土与表层土以下的土壤的类别是不相同的，要求清单编制人准确判定某类土壤所占的比例是比较困难的，在这种情况下，可考虑将土壤类别描述为综合，注明由投标人根据地质勘察资料自行确定土壤类别，决定报价。

b. 施工图纸、标准图集标注明确的内容，可不再详细描述，对这些项目可描述为"见××图集××页"及"见××节点大样"等。

c. 还有一些项目可不详细描述，但清单编制人在项目特征描述中应注明由招标人自定，如土（石）方工程中的"取土运距""弃土运距"等。

③ 可不描述的内容。

a. 对计量计价没有实质影响的内容可不描述，如对现浇混凝土柱的断面形状的特征规定可不描述，因为混凝土构件是按"m³"计量的，对此描述的实质意义不大。

b. 应由投标人根据施工方案确定的内容可不描述，如对石方的预裂爆破的单孔深度及装药量的特征规定，由清单编制人来描述是比较困难的，而由投标人根据施工要求，在施工方案中确定，并进行自主报价比较恰当。

c. 应由投标人根据当地材料和施工要求确定的内容可不描述，如对混凝土构件中的混凝土拌合料使用的石子种类及粒径、砂的种类及特征规定可不描述。因为混凝土拌合料使用砾石还是碎石，使用粗砂还是中砂、细砂或特细砂，除构件本身的特殊要求需要指定外，主要取决于工程所在地砂、石子材料的供应情况。

(7) 综合单价：完成一个规定计量单位的分部分项工程量清单项目或措施清单项目所需的人工费、材料费、施工机械使用费和企业管理费与利润，以及一定范围内的风险费用。

(8) 暂估价：招标人在工程量清单中提供的用于支付必然发生但暂时不能确定价格的材料、工程设备的单价及专业工程的金额。

6）编制措施项目清单与计价表

编制单价措施项目清单与计价表，其样表见表2-6。

表 2-6 单价措施项目清单与计价表（样表）

工程名称：　　　　　　　　　　标段：　　　　　　　　　　第　页　共　页

序号	项目编码	项目名称	项目特征	计量单位	工程量	金额/元		
						综合单价	合价	其中：暂估价
1	011702016001	平板	支撑高度2.9m	m^2	1800			
2	…	…	…	…	…			
3	…	…	…	…	…			
			本页小计					
			合　　计					

特别提示

表 2-6 适用于以综合单价形式计价的措施项目。

国家标准《房屋建筑与装饰工程工程量计算规范》中给出了措施项目的项目编码。

编制总价措施项目清单与计价表，其样表见表 2-7。

表 2-7 总价措施项目清单与计价表（样表）

工程名称：　　　　　　　　　　标段：　　　　　　　　　　第　页　共　页

序号	项目编码	项目名称	计算基础	费率/%	金额/元	调整费率/%	调整后金额/元	备注
1	011701001001	安全文明施工费						
2	011701002001	夜间施工增加费						
3	…	非夜间施工照明费						
4	…	二次搬运费						
5	…	冬雨季施工增加费						
6	…	地上、地下设施，建筑物的临时保护设施费						
7	…	已完工程及设备保护费						
8	…	…						
		合　计						

表 2-6、表 2-7 说明如下。

措施项目清单是指为了完成工程项目施工，发生于该工程施工前或施工过程中的非工程实体项目和相应数量的清单，包括技术、安全、生活等方面的相关非实体项目。国家标准《房屋建筑与装饰工程工程量计算规范》中列出了措施项目，编制措施项目清单时，应结合拟建工程实际情况进行选用。

特别提示

影响措施项目设置的因素很多，除工程本身因素外，还涉及水文、气象、环境及安全等方面，表中不可能把所有的措施项目一一列出。因情况不同，出现表中未列的施工项目，工程量清单编制人可做补充。

措施项目清单以"项"为计量单位，相应数量为"1"。

根据住房和城乡建设部、财政部发布的《建筑安装工程费用项目组成》（建标〔2013〕44 号）的规定，"计算基础"可为"直接费""人工费"或"人工费＋机械费"。

各专业工程的措施项目：建筑与装饰工程包括脚手架、混凝土模板及支架、垂直运输机械、超高施工增加、大型机械设备进出场及安拆、施工排水与降水等。

山东省"安全文明施工费"列入规费项目。

7）编制其他项目清单与计价表

编制其他项目清单与计价表，其样表见表 2-8～表 2-13。

表 2-8　其他项目清单与计价汇总表（样表）

工程名称：　　　　　　　　　标段：　　　　　　　　　第　页　共　页

序号	项目名称	金额/元	结算金额/元	备 注
1	暂列金额			明细详见表 2-9
2	暂估价			
2.1	材料（工程设备）暂估价			明细详见表 2-10
2.2	专业工程暂估价			明细详见表 2-11
3	计日工			明细详见表 2-12
4	总承包服务费			明细详见表 2-13
	合　　计			

特别提示

材料暂估单价列入清单项目综合单价，此处不汇总。

相关解释

- 暂列金额：招标人在工程量清单中暂定并包含在合同价款中的一笔款项，用于施工合同签订时尚未确定或者不可预见的所需材料、设备、服务的采购，施工中可能发生的工程变更，合同约定调整因素出现时的工程价款调整，以及发生的索赔、现场签证确认等的费用。
- 计日工：在施工过程中，承包人完成发包人提出的工程合同范围以外的零星项目或工作，按合同中约定的单价计价的一种方式。
- 总承包服务费：总承包人为配合协调发包人进行的专业工程发包，对发包人自行采购的材料、工程设备等进行保管，以及施工现场管理、竣工资料汇总整理等服务所需的费用。

表 2-9 暂列金额明细表（样表）

工程名称：　　　　　　　　　　标段：　　　　　　　　　　第　页　共　页

序号	项目名称	计量单位	暂定金额/元	备注
1	设计变更、工程量清单有误	项	50000	
2	国家的法律、法规、规章和政策发生变化时的调整及材料价格风险	项	60000	
3	索赔与现场签证等	项	40000	
4	…			
	合　计		150000	

特别提示

表 2-9 由招标人填写，如不能详列明细，也可只列暂定金额总额，投标人应将上述暂列金额计入投标总价中。

表 2-10 材料（工程设备）暂估单价及调整表（样表）

工程名称：　　　　　　　　　　标段：　　　　　　　　　　第　页　共　页

序号	材料（工程设备）名称、规格、型号	计量单位	数量		暂估价/元		确认价/元		差额±/元		备注
			暂估	确认	单价	合价	单价	合价	单价	合价	
1	钢筋（规格、型号综合）	t			4600.00						用于所有的现浇混凝土构件
2	…										
3	…										

特别提示

表 2-10 中的暂估单价由招标人填写,并在"备注"栏说明暂估单价的材料、工程设备拟用在哪些清单项目上,投标人应将上述材料、工程设备暂估单价计入工程量清单综合单价报价中。

材料包括原材料、燃料、构配件及按规定应计入建筑安装工程造价的设备。

表 2-11 专业工程暂估价及结算价表(样表)

工程名称:　　　　　　　　　　标段:　　　　　　　　第　页 共　页

序号	工程名称	工程内容	暂估金额/元	结算金额/元	差额±/元	备注
1	弱电工程	配管、配线等	30000			如"消防工程项目设计图纸有待完善"
2	…					
3	…					
4	…					
	合　计					

特别提示

表 2-11 中的暂估金额由招标人填写,投标人应将暂估金额计入投标总价中。结算时按合同约定结算金额填写。

表 2-12 计日工表(样表)

工程名称:　　　　　　　　　　标段:　　　　　　　　第　页 共　页

编号	项目名称	计量单位	暂定数量	实际数量	综合单价/元	合价/元	
						暂定	实际
一	人工						
1	普通工	工日	50				
2	技工(综合)	工日	30				
3	…						
	人工小计						
二	材料						

续表

编号	项目名称	计量单位	暂定数量	实际数量	综合单价/元	合价/元	
						暂定	实际
1	水泥 42.5 级	t	1				
2	中砂	m³	8				
3	…						
	材料小计						
三	施工机械						
1	灰浆搅拌机（400L）	台班	10				
2	电动夯实机（20～62N·m）	台班	40				
3	…						
	施工机械小计						
	总计						

特别提示

表 2-12 中的项目名称、暂定数量由招标人填写；编制招标控制价时，综合单价由招标人按有关计价规定确定；投标时，综合单价由投标人自主报价，按暂定数量计算合价计入投标总价中。结算时，按承发包双方确认的实际数量计算合价。

表 2-13 总承包服务费计价表（样表）

工程名称： 　　　　　　　　　标段： 　　　　　　　　　第 页 共 页

序号	项目名称	项目价值/元	服务内容	计算基础	费率/%	金额/元
1	发包人发包专业工程（室内精装修）	58400000.00	1. 按专业工程承包人的要求提供施工工作面，并对施工现场进行统一管理，对竣工资料进行统一整理汇总 2. 为专业工程承包人提供垂直运输机械和焊接电源接入点，并承担垂直运输费和电费			
2	发包人供应材料	150000.00	对发包人提供的材料进行验收、保管和使用发放			

续表

序号	项目名称	项目价值/元	服务内容	计算基础	费率/%	金额/元
3	…					
4						
合 计							

8）编制规费、税金项目计价表

编制规费、税金项目计价表，其样表见表2-14。

表 2-14 规费、税金项目计价表（样表）

工程名称：　　　　　　　　　　　标段：　　　　　　　　第 页 共 页

序号	项目名称	计算基础	计算基数	计算费率/%	金额/元
1	规费	定额人工费			
1.1	社会保险费	定额人工费			
（1）	养老保险费	定额人工费			
（2）	失业保险费	定额人工费			
（3）	医疗保险费	定额人工费			
（4）	工伤保险费	定额人工费			
（5）	生育保险费	定额人工费			
1.2	住房公积金	定额人工费			
1.3	工程排污费	按工程所在地环境保护部门收取标准，按实计入			
…					
2	税金	分部分项工程费＋措施项目费＋其他项目费＋规费－按规定不计税的工程设备金额			
合 计					

特别提示

规费根据住房和城乡建设部、财政部发布的《建筑安装工程费用项目组成》（建标〔2013〕44号）的规定，"计算基础"可为"直接费""人工费"或"人工费＋机械费"。

山东省的规费包括五项内容：安全文明施工费、工程排污费、社会保障费、住房公积金、危险作业意外伤害保险。

9）编制总说明

编制总说明，其样表见表 2-15。

表 2-15　总说明（样表）

工程名称：	第　页　共　页

特别提示

总说明应按下列内容填写。
（1）工程概况：建设规模、工程特征、计划工期、施工现场实际情况、自然地理条件、环境保护要求等。
（2）工程招标和专业工程发包范围。
（3）工程量清单编制依据：如采用的标准、施工图纸、标准图集等。
（4）工程质量、材料、施工等的特殊要求。
（5）其他需要说明的问题。

10）封面的填写形式

封面的填写形式如图 2.1 所示。

```
                        _____工程
                        招标工程量清单
                                              工程造价
    招 标 人：_____        咨 询 人：_____
              (单位盖章)                      (单位资质专用章)
    法定代表人                    法定代表人
    或其授权人：_____        或其授权人：_____
              (签字或盖章)                    (签字或盖章)
    编 制 人：_____          复 核 人：_____
              (造价人员签字盖专用章)          (造价工程师签字盖专用章)
    编制时间：  年  月  日        复核时间：  年  月  日
```

图 2.1　封面的填写形式

> **特别提示**
>
> 封面应按规定的内容填写、签字、盖章，由造价人员编制的工程量清单应有负责审核的造价工程师签字、盖章；受委托编制的工程量清单，应有造价工程师签字、盖字及工程造价咨询人盖章。

11）整理装订成册

装订顺序，自上而下依次为：封面→总说明→分部分项工程量清单与计价表→措施项目清单与计价表（包括单价措施项目清单与计价表和总价措施项目清单与计价表）→其他项目清单与计价表［包括其他项目清单与计价汇总表、暂列金额明细表、材料（工程设备）暂估单价及调整表、专业工程暂估价及结算价表、计日工表和总承包服务费计价表］→规费、税金项目计价表→工程量计算表→封底。

2. 编制工程量清单计价表

1）编制工程量清单综合单价分析表

（1）计算综合单价。

分部分项工程量清单计价，其核心是综合单价的确定。综合单价的计算一般应按下列顺序进行。

① 确定工程内容。根据工程量清单项目名称和拟建工程实际，或参照《山东省建设工程工程量清单计价规则》表中的"工程内容"，确定该清单项目主体及其相关工程内容。

② 计算工程量。根据《山东省建筑工程消耗量定额》计算规则的规定，分别计算工程量清单项目所包含的每项工程内容的工程量。

③ 计算单位含量。分别计算工程量清单项目每计量单位应包含的各项工程内容的工程量。

单位含量＝第②步计算的工程量÷相应清单项目的工程量

④ 选择定额。根据第①步确定的工程内容，参照《山东省建设工程工程量清单计价规则》表中的定额名称和编号选择定额，确定人工、材料、机械台班消耗量。

⑤ 选择单价。人工、材料、机械台班单价选用省信息价或市场价。

⑥ 计算清单项目每计量单位所含某项工程内容的人工、材料、机械台班价款。

某项工程内容的人工、材料、机械台班价款＝Σ第④步确定的人工、材料、机械台班消耗量×第⑤步选择的人工、材料、机械台班单价×第③步计算的单位含量

⑦ 计算工程量清单项目每计量单位人工、材料、机械台班价款。

工程量清单项目每计量单位人工、材料、机械台班价款＝
第⑥步计算的各项工程内容的人工、材料、机械台班价款之和

⑧ 选定费率。应根据《山东省建设工程费用项目组成及计算规则》，并结合本企业和市场的实际情况，确定管理费费率和利润率。

⑨ 计算综合单价。

综合单价＝第⑦步计算的人工、材料、机械台班价款＋
第⑧步中的省价人工费×（管理费费率＋利润率）

⑩ 计算合价。

$$合价 = 综合单价 \times 相应清单项目工程量$$

(2) 将第（1）项计算结果填入工程量清单综合单价分析表中，其样表见表 2-16。

表 2-16　综合单价分析表（样表）

工程名称：　　　　　　　　　　标段：　　　　　　　　　　第　页　共　页

| 项目编码 | 010101003001 | 项目名称 | 挖沟槽土方 | 计量单位 | m³ | 工程量 | 46.99 |

清单综合单价组成明细

定额编号	定额项目名称	定额单位	数量	单价/元				合价/元			
				人工费	材料费	机械费	管理费和利润	人工费	材料费	机械费	管理费和利润
1-2-6	人工挖沟槽土方	10m³	4.699	387.20	0.00	0.00	156.43	38.72	0.00	0.00	15.64
1-4-4	基底钎探	10m²	4.037	46.20	14.25	16.49	18.66	3.97	1.22	1.42	1.60
人工单价			小计					42.69	1.22	1.42	17.24
110元/工日			未计价材料费								
清单项目综合单价/元								62.57			

材料费明细	主要材料名称、规格、型号	单位	数量	单价/元	合价/元	暂估单价/元	暂估合价/元
	其他材料费					—	—
	材料费小计					—	—

特别提示

如不使用省级或行业建设主管部门发布的计价依据，可不填定额项目名称、定额编号等。

招标文件提供了暂估单价的材料，按暂估的单价填入表内"暂估单价"栏及"暂估合价"栏。

2) 编制分部分项工程量清单与计价表

编制分部分项工程量清单与计价表,其样表见表 2-17。

表 2-17 分部分项工程量清单与计价表(样表)

工程名称: 标段: 第 页 共 页

序号	项目编码	项目名称	项目特征	计量单位	工程量	金额/元		
						综合单价	合价	其中:暂估价
1	010101001001	平整场地	1. 土壤类别:Ⅱ类土 2. 土方就地挖、填、找平	m²	716	6.49	4646.84	
2								
3								
4								
5								
6								
7								
			本页小计					
			合 计					

特别提示

根据《建筑安装工程费用项目组成》(建标〔2013〕44 号)的规定,为计取规费等的使用,可在表中增设"直接费""人工费"或"人工费+机械费"。

3) 编制措施项目清单与计价表(表 2-6 和表 2-7)

(1) 措施项目的确定。

投标人在措施项目费计算时,可根据施工组织设计采取的具体措施,在招标人提供的措施项目清单的基础上增加其不足的措施项目,对措施项目清单中列出而实际未采用的措施项目进行零报价。

(2) 措施项目费的计算。

① 表 2-6 中的综合单价的确定同分部分项工程量清单与计价表中的综合单价的确定方法相似,一般按下列顺序进行。

a. 根据措施项目清单和拟建工程的施工组织设计确定措施项目。

b. 确定该措施项目所包含的工程内容。

c. 根据现行的《山东省建筑工程消耗量定额》工程量计算规则,分别计算该措施项目所含每项工程内容的工程量。

d. 根据第 b 步确定的工程内容，参照《山东省建设工程工程量清单计价规则》表中的消耗量定额，确定人工、材料和机械台班消耗量。

e. 根据《山东省建设工程费用项目组成及计算规则》中的费用项目组成，参照其计算方法，或参照工程造价主管部门发布的信息价，确定相应单价。

f. 计算措施项目所含某项工程内容的人工、材料和机械台班价款。

某项工程内容的人工、材料、机械台班价款＝Σ第 d 步确定的人工、材料、机械台班消耗量×第 e 步选择的人工、材料、机械台班单价×第 c 步计算的工程量

g. 计算措施项目人工、材料和机械台班价款。

措施项目人工、材料、机械台班价款＝第 f 步计算的各项工程内容的人工、材料、机械台班价款之和

h. 根据《山东省建设工程费用项目组成及计算规则》中的费用项目组成，参照其计算方法，或参照工程造价主管部门发布的相关费率，并结合本企业和市场的实际情况，确定管理费费率和利润率。

i. 计算金额。

金额＝第 g 步计算的措施项目人工、材料、机械台班价款＋
第 h 步措施项目中的省价人工费×（管理费费率＋利润率）

② 表 2-7 中的措施项目费可按费用定额的计费基础和工程造价主管部门发布的费率进行计算，如《山东省建设工程费用项目组成及计算规则》提供了以下计算方法。

措施项目费＝分部分项工程费的省价人工费×相应措施项目费费率＋
分部分项工程费的省价人工费×相应措施项目费费率×
总价措施费中人工费含量(%)×（管理费费率＋利润率）

4）编制其他项目清单与计价表

编制其他项目清单与计价表，其样表见表 2-8～表 2-13。

5）编制规费、税金项目计价表

编制规费、税金项目计价表，其样表见表 2-14。

6）编制单位工程投标报价汇总表

编制单位工程投标报价汇总表，其样表见表 2-18。

表 2-18 单位工程投标报价汇总表（样表）

工程名称：　　　　　　　　标段：　　　　　　　　第　页 共　页

序号	汇总内容	金额/元	其中：暂估价/元
1	分部分项工程		
1.1			
1.2			
…	……		
2	措施项目		
2.1	其中：安全文明施工费		

续表

序号	汇总内容	金额/元	其中：暂估价/元
3	其他项目		
3.1	其中：暂列金额		
3.2	其中：专业工程暂估价		
3.3	其中：计日工		
3.4	其中：总承包服务费		
4	规费		
5	税金		
	投标报价合计＝1＋2＋3＋4＋5		

🏠 特别提示

表 2-18 适用于单位工程招标控制价或投标报价的汇总。如无单位工程划分，单项工程也使用本表汇总。

7）编制单项工程投标报价汇总表

编制单项工程投标报价汇总表，其样表见表 2-19。

表 2-19 单项工程投标报价汇总表（样表）

工程名称： 第 页 共 页

序号	单位工程名称	金额/元	其中/元		
			暂估价	安全文明施工费	规费
	合 计				

🏠 特别提示

表 2-19 适用于单项工程招标控制价或投标报价的汇总。"暂估价"包括分部分项工程中的暂估价和专业工程暂估价。

8) 编制总说明

编制总说明,其样表见表 2-20。

表 2-20 总说明 (样表)

工程名称:	第　页共　页

特别提示

总说明应按下列内容填写。

① 工程概况:建设规模、工程特征、计划工期、合同工期、实际工期、施工现场及变化情况、施工组织设计的特点、自然地理条件、环境保护要求等。

② 编制依据、清单计价范围等。

9) 封面的填写形式

封面的填写形式如图 2.2 所示。

```
                    投 标 总 价

        招 标 人：_____

        工程名称：_____

        投标总价(小写)：_____

               (大写)：_____

        投 标 人：_____
                        (单位盖章)

        法定代表人
        或其授权人：_____
                        (签字或盖章)

        编 制 人：_____
                    (造价人员签字盖专用章)

                        编制时间：    年    月    日
```

图 2.2 封面的填写形式

10) 整理装订成册

装订顺序自上而下依次为:封面→总说明→单项工程投标报价汇总表→单位工程投标

报价汇总表→分部分项工程量清单与计价表→措施项目清单与计价表（包括单价措施项目清单与计价表和总价措施项目清单与计价表）→其他项目清单与计价表［包括其他项目清单与计价汇总表、暂列金额明细表、材料（工程设备）暂估单价及调整表、专业工程暂估价及结算价表、计日工表和总承包服务费计价表］→规费、税金项目计价表→分部分项工程量清单综合单价分析表→措施项目清单综合单价分析表→分部分项工程量计算表→封底。

任务2.3 某老年活动室施工图设计文件（案例）

2.3.1 建筑设计说明及建筑做法说明

1. 建筑设计说明

（1）本工程为某单位老年活动室。
（2）本工程位于闹市区，地上2层，局部1层；平屋顶，挑檐天沟外排水。
（3）方案经甲方同意。
（4）本设计采用部分砖混、部分框架结构。
（5）总建筑面积231.47m^2，总高度6.25m，层高2.9m，活动室层高5.8m。
（6）庭院及周围室外工程另行设计。

2. 建筑做法说明

（1）门窗：按山东省建筑标准设计相应图集制作。门窗类型如下。
M1：洞口尺寸为3000mm×2400mm，数量1，类型为铝合金平开门。
M2：洞口尺寸为2400mm×2100mm，数量1，类型为铝合金平开门。
M3：洞口尺寸为1000mm×2400mm，数量3，类型为铝合金平开门。
M4：洞口尺寸为900mm×2100mm，数量2，类型为铝合金平开门。
C1：洞口尺寸为1800mm×1500mm，数量3，类型为铝合金推拉窗。
C2：洞口尺寸为1500mm×1500mm，数量4，类型为铝合金推拉窗。
C3：洞口尺寸为1500mm×1200mm，数量4，类型为铝合金推拉窗。
C4：洞口尺寸为3000mm×1200mm，数量2，类型为铝合金固定窗。
C5：洞口尺寸为1500mm×1200mm，数量4，类型为铝合金固定窗。
（2）地面。
① 一层地面：素土夯实，1∶3水泥砂浆灌铺地瓜石厚150mm，1∶3水泥砂浆找平层厚20mm，1∶2.5水泥细砂浆厚10mm，粘贴全瓷抛光地板砖，地板砖规格800mm×800mm，水泥砂浆粘贴地板砖踢脚板高200mm。
② 一层活动室：素土夯实，1∶3水泥砂浆灌铺地瓜石厚150mm，1∶3水泥砂浆找平层厚20mm，干铺4~5mm软泡沫塑料垫层，铺条形复合木地板（成品），直线形木踢脚板（装饰夹板）高200mm。

③二层地面：刷素水泥浆一遍，1∶3水泥砂浆找平层厚20mm，1∶2.5水泥细砂浆厚10mm，粘贴全瓷抛光地板砖，地板砖规格800mm×800mm，水泥砂浆粘贴地板砖踢脚板高200mm。

（3）内墙面。

①卫生间：1∶3水泥砂浆打底厚6mm，1∶1水泥细砂浆厚6mm，粘贴瓷砖152mm×152mm高1500mm，白水泥浆擦缝。

②其余：1∶3水泥砂浆打底厚14mm，1∶2水泥砂浆压光厚6mm，满刮腻子两遍，刷乳胶漆两遍。

（4）外墙面：1∶3水泥砂浆打底厚14mm，1∶2水泥砂浆找平层厚6mm，刷素水泥浆一遍，1∶1水泥细砂浆厚5mm，粘贴瓷质外墙砖，规格60mm×240mm，灰缝宽3mm，素水泥浆擦缝。

（5）天棚。

①活动室：现浇混凝土板底吊不上人装配式U形轻钢龙骨，间距450mm×450mm，龙骨上钉铺密度板基层，面层粘贴6mm厚铝塑板。

②其余：刷素水泥浆一遍，1∶3水泥砂浆找平层厚5mm，1∶2水泥砂浆压光厚3mm，满刮腻子两遍，刷乳胶漆两遍。

（6）屋面：刷素水泥浆一遍，1∶3水泥砂浆找平层厚20mm，刷聚氨酯防水涂膜厚2mm，干铺憎水珍珠岩块厚80mm，1∶10现浇水泥珍珠岩找坡2%，1∶3水泥砂浆找平层厚20mm，PVC卷材冷粘。

2.3.2 结构设计说明

（1）土方为一类土（普通土），无地下水。

（2）基础部分材料：基础混凝土为C25，素混凝土垫层为C15，1∶3水泥砂浆灌铺地瓜石垫层，M5水泥砂浆砌筑砖基础。

（3）墙体做法为M5混合砂浆砌筑烧结煤矸石砖墙，框架部分为空心砖墙，砖混部分为实心砖墙（其中120墙为空心砖墙）。

（4）上部现浇钢筋混凝土构件：框架柱、梁、板为C25混凝土，构造柱、圈梁、过梁挑檐、雨篷等为C20混凝土。

（5）选用的标准图如下。

①《钢筋混凝土条形基础》（L04G312）。

②《多层砖房抗震构造详图》（L03G313）。

③《钢筋混凝土过梁》（L03G303）。

④《混凝土结构施工图平面整体表示方法制图规则和构造详图（现浇混凝土框架、剪力墙、梁、板）》（16G101—1）。

2.3.3 某老年活动室施工图

某老年活动室施工图如图2.3～图2.12所示。

项目 2 建筑工程工程量清单计价实训

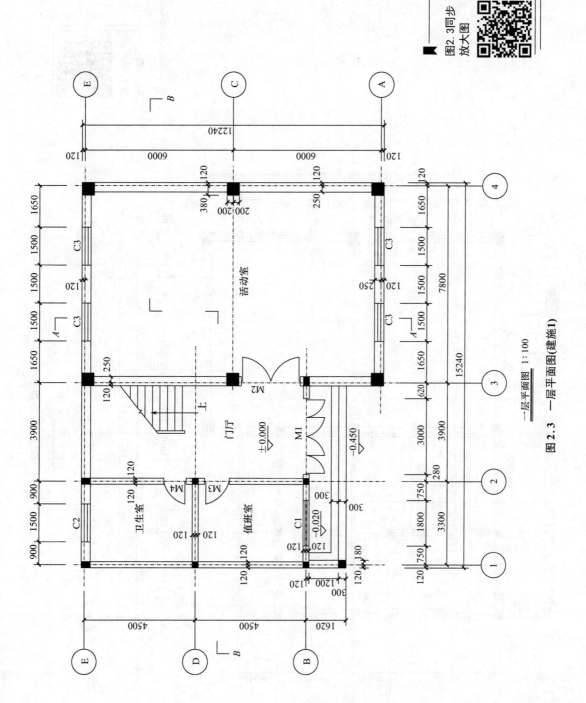

图 2.3 一层平面图(建施1)

图2.4同步放大图

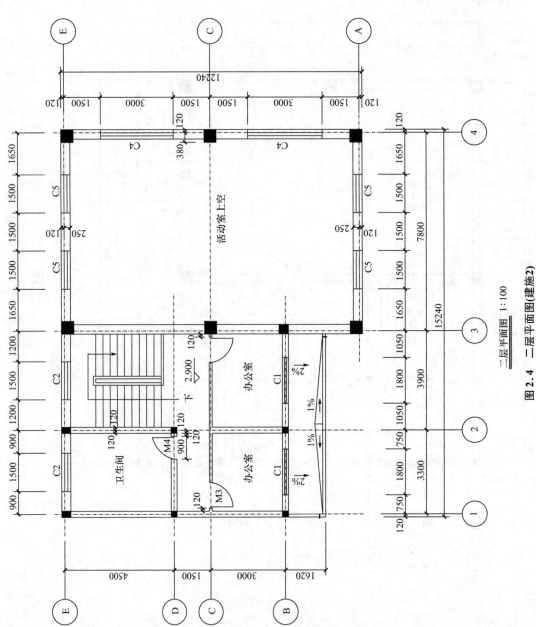

图 2.4 二层平面图(建施2)

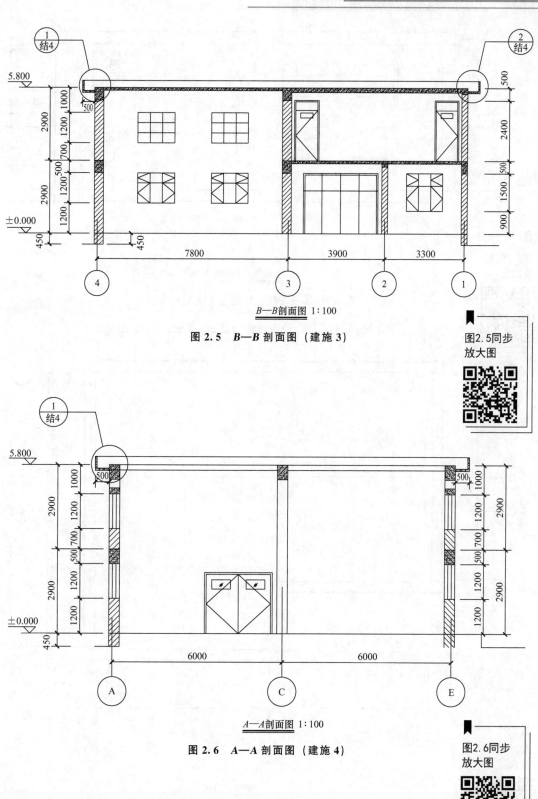

B—B剖面图 1:100

图 2.5　B—B 剖面图（建施 3）

A—A剖面图 1:100

图 2.6　A—A 剖面图（建施 4）

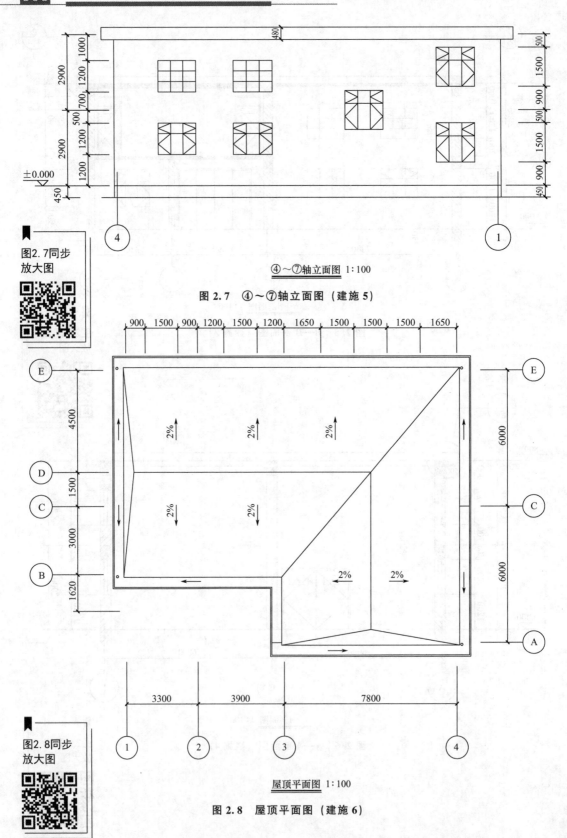

图 2.7 ④~⑦轴立面图（建施 5）

图 2.8 屋顶平面图（建施 6）

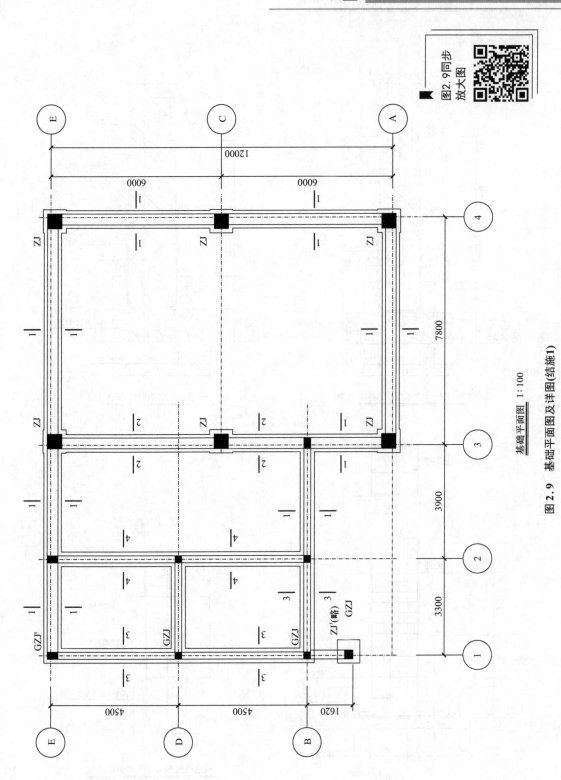

图 2.9 基础平面图及详图(结施1)

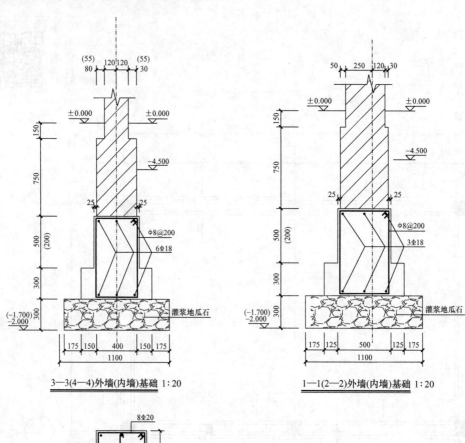
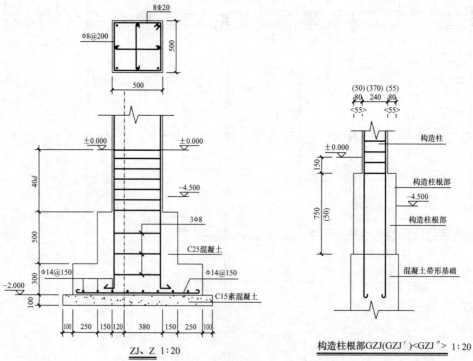

图 2.9 基础平面图及详图（结施 1）（续）

项目 2 建筑工程工程量清单计价实训

图2.10同步放大图

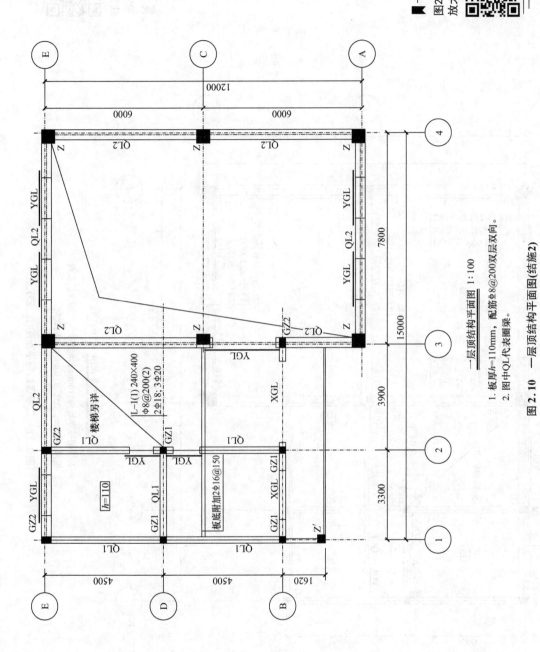

一层顶结构平面图 1:100
1. 板厚 h=110mm，配筋Φ8@200双层双向。
2. 图中QL代表圈梁。

图 2.10 一层顶结构平面图(结施2)

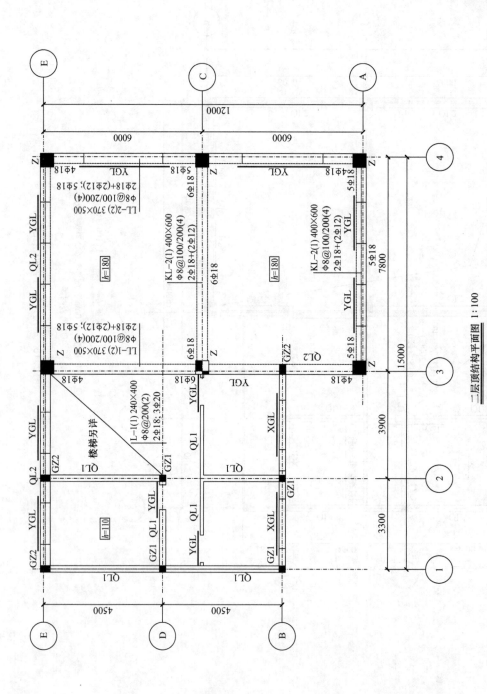

图 2.11 二层顶结构平面图(结施3)

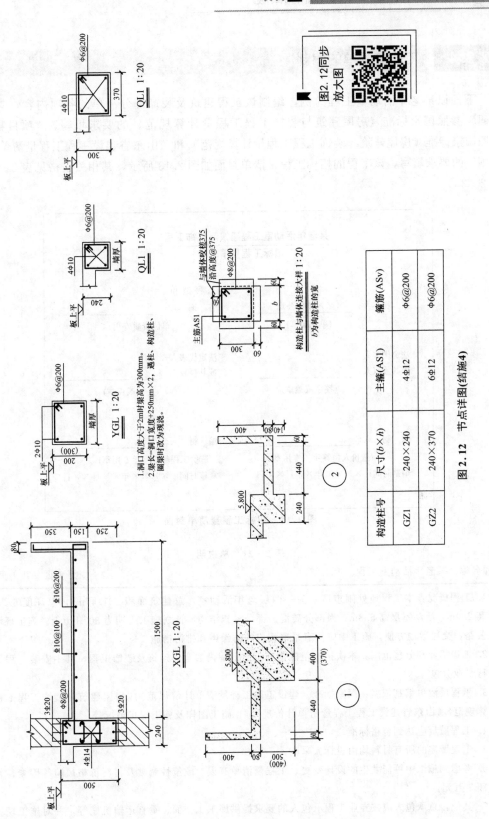

图2.12 节点详图(结施4)

2.3.4 工程量清单的编制

下面以某老年活动室工程为例,编制该工程建筑及装饰部分清单的各项内容,"项目编码"参照国家标准《房屋建筑与装饰工程工程量计算规范》的要求填写,"项目特征"参照国家标准《房屋建筑与装饰工程工程量计算规范》和《山东省建设工程工程量清单计价规则》的要求填写,该工程的招标工程量清单封面如图 2.13 所示,其相关表格见表 2-21~表 2-35。

```
         某老年活动室工程建筑及装饰工程
                 招标工程量清单


                                  工程造价
  招 标 人: ×××单位公章      咨 询 人: _____
         (单位盖章)                (单位资质专用章)


  法定代表人                    法定代表人
  或其授权人: _____       或其授权人: _____
         (签字或盖章)                (签字或盖章)


  编 制 人: _____        编 制 人: _____
     (造价人员签字盖专用章)         (造价工程师签字盖专用章)
  编制时间:××××年××月××日  复核时间:××××年××月××日
```

图 2.13 招标工程量清单封面

表 2-21 总说明

工程名称:某老年活动室工程　　　　　　　　　　　　　　　　　　　　第 1 页　共 1 页

1. 工程概况:本工程地处闹市区,为一两层老年活动室,总建筑面积 231.47m², 总高度 6.25m, 层高 2.9m, 活动室层高 5.8m; 为部分砖混、部分框架结构,计划施工工期为 30 日历天。施工现场临近公路,交通运输方便,施工中应注意采取相应的防噪声和排污措施。

2. 工程招标和分包范围:本次招标范围为施工图范围内的全部建筑及装饰工程,其中安装工程另外进行专业分包。

3. 工程量清单编制依据:国家标准《建设工程工程量清单计价规范》《房屋建筑与装饰工程工程量计算规范》《山东省建设工程工程量清单计价规则》、施工图样及施工现场情况等。

4. 工程质量应达到合格标准。

5. 工程所需的所有材料均由投标人采购。

6. 考虑到施工中可能发生的设计变更、工程量清单有误、政策性调整及材料价格风险等因素,暂列金额 3 万元。

7. 其他:总承包人应按专业工程承包人的要求提供施工工作面、垂直运输机械等,并对施工现场进行统一管理,对竣工资料进行统一整理和汇总,并承担相应的垂直运输机械费用。

表 2-22 分部分项工程量清单与计价表（建筑工程部分）

工程名称：某老年活动室工程　　　　　标段：　　　　　　　第 1 页　共×页

序号	项目编号	项目名称	项目特征	计量单位	工程量	金额/元		
						综合单价	合价	其中：暂估价
			A 土石方工程					
1	010101001001	平整场地	土壤类别为普通土，土方就地挖、填、找平	m²	164.94			
2	010101003001	挖沟槽土方	1. 土壤类别：普通土 2. 基础类型：条形基础 3. 挖土深度：2m 以内，沟槽挖土槽边就地堆放	m³	98.34			
3	010101004001	挖基坑土方	1. 土壤类别：普通土 2. 基础类型：独立基础 3. 挖土深度：2m 以内，沟槽挖土槽边就地堆放	m³	22.28			
4	010103001001	回填土	基础回填土，场内取土，人工夯填	m³	37.67			
5	010103001002	回填土	房心回填土，场内取土，人工夯填	m³	36.71			
		分部小计						
			D 砌筑工程					
6	010401001001	砖基础	1. 机制红砖 240mm×115mm×53mm 2. M5 水泥砂浆	m³	20.77			
7	010401003001	实心砖墙	1. 烧结煤矸石普通砖 240mm×115mm×115mm 2. 墙体厚度 240mm 3. M5 混合砂浆	m³	27.38			
8	010401003002	实心砖墙	1. 烧结煤矸石普通砖 240mm×115mm×115mm 2. 墙体厚度 365mm 3. M5 混合砂浆	m³	10.05			

续表

序号	项目编号	项目名称	项目特征	计量单位	工程量	金额/元 综合单价	合价	其中：暂估价
9	010401005001	空心砖墙	1. 烧结煤矸石空心砖 240mm×240mm×115mm 2. 墙体厚度 365mm 3. M5 混合砂浆	m³	53.04			
10	010401005002	空心砖墙	1. 烧结煤矸石空心砖 240mm×115mm×53mm 2. 墙体厚度 115mm 3. M5 混合砂浆	m³	1.57			
		（其他略）						
		分部小计						
		E 混凝土及钢筋混凝土工程						
11	010501002001	带形基础	1. 基础类型：有梁式带形基础 2. 混凝土强度等级：C25 3. 现场搅拌混凝土	m³	27.77			
12	010501003001	独立基础	1. 基础类型：独立基础 2. 混凝土强度等级：C25 3. 现场搅拌混凝土	m³	4.96			
13	010502001001	矩形柱	1. 柱种类：矩形柱 2. 混凝土强度等级：C25 3. 现场搅拌混凝土	m³	10.50			
14	010502002001	构造柱	1. 柱种类：构造柱 2. 混凝土强度等级：C20 3. 现场搅拌混凝土	m³	4.60			

续表

序号	项目编号	项目名称	项目特征	计量单位	工程量	金额/元		
						综合单价	合价	其中：暂估价
15	010503002001	矩形梁	1. 混凝土强度等级：C25 2. 现场搅拌混凝土	m³	6.60			
16	010503004001	圈梁	1. 混凝土强度等级：C20 2. 现场搅拌混凝土	m³	9.63			
17	010503005001	过梁	1. 混凝土强度等级：C20 2. 现场搅拌混凝土	m³	1.19			
18	010505003001	平板	1. 混凝土强度等级：C25 2. 现场搅拌混凝土	m³	31.36			
19	010505007001	天沟（檐沟）、挑檐板	1. 混凝土强度等级：C20 2. 现场搅拌混凝土	m³	3.56			
20	010505008001	雨篷、悬挑板、阳台板	1. 混凝土强度等级：C20 2. 现场搅拌混凝土	m³	1.86			
21	010510003001	过梁成品	混凝土强度等级：C20	m³	2.07			
22	010514002001	其他构件	1. 预制小型构件 2. 混凝土强度等级：C20	m³	0.65			
23	010515001001	现浇构件钢筋	圆钢筋 Φ10	t	0.279			
24	010515001002	现浇构件钢筋	圆钢筋 Φ12	t	0.014			
25	010515001003	现浇构件钢筋	圆钢筋 Φ14	t	0.197			
26	010515001004	现浇构件钢筋	螺纹钢筋 Φ6.5	t	0.004			
27	010515001005	现浇构件钢筋	螺纹钢筋 Φ8	t	0.868			
28	010515001006	现浇构件钢筋	螺纹钢筋 Φ10	t	1.745			

续表

序号	项目编号	项目名称	项目特征	计量单位	工程量	金额/元		
						综合单价	合价	其中：暂估价
29	010515001007	现浇构件钢筋	螺纹钢筋 ⊈12	t	0.589			
30	010515001008	现浇构件钢筋	螺纹钢筋 ⊈14	t	0.055			
31	010515001009	现浇构件钢筋	螺纹钢筋 ⊈16	t	0.036			
32	010515001010	现浇构件钢筋	螺纹钢筋 ⊈18	t	2.046			
33	010515001011	现浇构件钢筋	螺纹钢筋 ⊈20	t	1.205			
34	010515001012	现浇构件钢筋	箍筋 φ6.5	t	0.210			
35	010515001013	现浇构件钢筋	箍筋 φ8	t	0.957			
			（其他略）					
			分部小计					
			J 屋面及防水工程					
36	010902001001	屋面卷材防水	1. 1∶3 水泥砂浆找平层 20mm 厚 2. PVC 卷材	m²	194.01			
37	010902002001	屋面涂膜防水	1. 1∶3 水泥砂浆找平层 20mm 厚 2. 聚氨酯涂膜防水厚 2mm	m²	194.01			
			（其他略）					
			分部小计					
			K 保温、隔热、防腐工程					
38	011001001001	保温隔热屋面	1. 干铺憎水珍珠岩块 80mm 厚 2. 1∶10 现浇水泥珍珠岩找坡 2%	m²	179.39			
			分部小计					
			合　计					

表 2-23 分部分项工程量清单与计价表（装饰工程部分）

工程名称：某老年活动室工程　　　　标段：　　　　　　第 1 页　共×页

序号	项目编号	项目名称	项目特征	计量单位	工程量	金额/元		
						综合单价	合价	其中：暂估价
		L 楼地面装饰工程						
1	011102003001	块料楼地面	1. 1：3 水泥砂浆灌铺地瓜石厚 150mm 2. 1：3 水泥砂浆找平层厚 20mm 3. 1：2.5 水泥细砂浆厚 10mm，粘贴全瓷抛光地板砖，地板砖规格 800mm×800mm（地面） 4. 楼地面酸洗打蜡	m²	57.00			
2	011102003002	块料楼地面	1. 1：3 水泥砂浆找平层厚 20mm 2. 1：2.5 水泥细砂浆厚 10mm，粘贴全瓷抛光地板砖，地板砖规格 800mm×800mm（楼面） 3. 楼地面酸洗打蜡	m²	41.50			
3	011104002001	竹、木（复合）地板	1. 1：3 水泥砂浆灌铺地瓜石厚 150mm 2. 1：3 水泥砂浆找平层厚 20mm 3. 干铺厚 4~5mm 软泡沫塑料垫层 4. 铺条形复合木地板（成品）	m²	83.95			
4	011105003001	块料踢脚线	1. 踢脚线高 200mm 2. 1：2.5 水泥细砂浆厚 10mm，粘贴地板砖	m²	12.95			
5	011105005001	木质踢脚线	直线形实木踢脚线（装饰夹板）高 200mm	m²	6.44			
		（其他略）						
		分部小计						
		M 墙、柱面装饰与隔断、幕墙工程						

续表

序号	项目编号	项目名称	项目特征	计量单位	工程量	金额/元		
						综合单价	合价	其中：暂估价
6	011201001001	墙面一般抹灰	1. 砖墙面 2. 1∶3 水泥砂浆打底厚 14mm 3. 1∶2 水泥砂浆压光厚 6mm	m²	418.84			
7	011204003001	块料墙面	1. 1∶3 水泥砂浆打底厚 6mm 2. 1∶1 水泥细砂浆厚 6mm，粘贴内墙瓷砖 152mm×152mm，白水泥浆擦缝	m²	38.84			
8	011204003002	块料墙面	1. 1∶3 水泥砂浆打底厚 14mm 2. 1∶2 水泥砂浆找平层厚 6mm，刷素水泥浆一遍 3. 1∶1 水泥细砂浆厚 5mm，粘贴瓷质外墙砖，规格 60mm×240mm，素水泥浆擦缝 4. 灰缝 5mm 以内	m²	290.17			
		（其他略）						
		分部小计						
		N 天棚工程						
9	011301001001	天棚抹灰	1. 基层类型：现浇混凝土 2. 刷素水泥浆一遍 3. 1∶3 水泥砂浆找平层厚 5mm 4. 1∶2 水泥砂浆压光厚 3mm	m²	99.05			
10	011302001001	吊顶天棚	1. 现浇混凝土板底吊不上人装配式 U 形轻钢龙骨，间距 450mm×450mm 2. 轻钢龙骨上铺钉密度板 3. 面层粘贴厚 6mm 铝塑板	m²	83.95			
		（其他略）						
		分部小计						

续表

序号	项目编号	项目名称	项目特征	计量单位	工程量	金额/元		
						综合单价	合价	其中:暂估价
		H 门窗工程(暂计入装饰部分)						
11	010802001001	金属(塑钢)门	铝合金推拉门	m²	23.22			
12	010807001001	金属(塑钢、断桥)窗	铝合金推拉窗	m²	22.05			
13	010807001002	金属(塑钢、断桥)窗	铝合金固定窗	m²	14.40			
		(其他略)						
		分部小计						
		P 油漆、涂料、裱糊工程						
14	011407001001	墙面刷喷涂料	1. 内墙抹灰面满刮腻子两遍 2. 墙柱光面刷乳胶漆两遍	m²	418.84			
15	011407002001	天棚刷喷涂料	1. 顶棚抹灰面满刮腻子两遍 2. 顶棚刷乳胶漆两遍	m²	99.05			
		(其他略)						
		分部小计						
		合 计						

表 2-24 单价措施项目清单与计价表(建筑工程部分)

工程名称:某老年活动室工程　　　　　标段:　　　　　　第1页 共1页

序号	项目编码	项目名称	项目特征	计量单位	工程量	金额/元	
						综合单价	合价
1	011701002001	外脚手架	1. 搭设方式:双排 2. 搭设高度:6.63m 3. 脚手架材质:钢管	m²	364.38		
2	011701003001	里脚手架	1. 搭设方式:双排 2. 搭设高度:5.62m 3. 脚手架材质:钢管	m²	49.85		
3	011701003002	里脚手架	1. 搭设方式:单排 2. 搭设高度:2.79m 3. 脚手架材质:钢管	m²	88.83		
		(其他略)					
			本页小计				
			合 计				

表 2-25 单价措施项目清单与计价表（装饰工程部分）

工程名称：某老年活动室工程　　　　标段：　　　　　　　　　　第 1 页 共 1 页

序号	项目编码	项目名称	项目特征	计量单位	工程量	金额/元	
						综合单价	合价
1	011701006001	满堂脚手架	1. 搭设方式：满堂 2. 搭设高度：5.62m 3. 脚手架材质：钢管	m²	85.70		
			（其他略）				
			本页小计				
			合　　计				

表 2-26 总价措施项目清单与计价表（建筑工程部分）

工程名称：某老年活动室工程　　　　标段：　　　　　　　　　　第 1 页 共 1 页

序号	项目编码	项目名称	计算基础	费率/%	金额/元	调整费率/%	调整后金额/元	备注
1	011707001001	安全文明施工费		3.52				山东省放在规费中
2	011707002001	夜间施工增加费		2.80				
3	011707004001	二次搬运费		2.40				
4	011707005001	冬雨季施工增加费		3.20				
5	011707007001	已完工程及设备保护费		0.15				
			合　　计					

编制人（造价人员）：　　　　　　　　　　　　　复核人（造价工程师）：

表 2-27 总价措施项目清单与计价表（装饰工程部分）

工程名称：某老年活动室工程　　　　标段：　　　　　　　　　　第 1 页 共 1 页

序号	项目编码	项目名称	计算基础	费率/%	金额/元	调整费率/%	调整后金额/元	备注
1	011707001001	安全文明施工费		3.97				山东省放在规费中
2	011707002001	夜间施工增加费		4.00				

续表

序号	项目编码	项目名称	计算基础	费率/%	金额/元	调整费率/%	调整后金额/元	备注
3	011707004001	二次搬运费		3.60				
4	011707005001	冬雨季施工增加费		4.50				
5	011707007001	已完工程及设备保护费		0.15				
		合　计						

编制人（造价人员）：　　　　　　　　　　　复核人（造价工程师）：

表2-28　其他项目清单与计价汇总表

工程名称：某老年活动室工程　　　　　　　标段：　　　　　　　　第1页　共1页

序号	项目名称	金额/元	结算金额/元	备注
1	暂列金额			明细详见表2-29
2	暂估价			
2.1	材料（工程设备）暂估价			明细详见表2-30
2.2	专业工程暂估价			明细详见表2-31
3	计日工			明细详见表2-32
4	总承包服务费			明细详见表2-33
5	索赔与现场签证			清单编制时没有此项
	合　计			

表2-29　暂列金额明细表

工程名称：某老年活动室工程　　　　　　　标段：　　　　　　　　第1页　共1页

序号	项目名称	计量单位	暂定金额/元	备注
1	设计变更、工程量清单有误	项		
2	国家的法律、法规、规章和政策发生变化时的调整及材料价格风险	项		
3	索赔与现场签证等	项		
	合　计			—

表 2-30 材料（工程设备）暂估单价及调整表

工程名称：某老年活动室工程　　　　　　　标段：　　　　　　　　　　第 1 页　共 1 页

序号	材料（工程设备）名称、规格、型号	计量单位	数量		暂估/元		确认/元		差额±/元		备注
			暂估	确认	单价	合价	单价	合价	单价	合价	
1											
2											
3											

表 2-31 专业工程暂估价及结算价表

工程名称：某老年活动室工程　　　　　　　标段：　　　　　　　　　　第 1 页　共 1 页

序号	工程名称	工程内容	暂估金额/元	结算金额/元	差额±/元	备注
1	安装工程	施工图范围内的水、电、暖				如"消防工程项目设计图纸有待完善"
2						
3						
	合　　计					

表 2-32 计日工表

工程名称：某老年活动室工程　　　　　　　标段：　　　　　　　　　　第 1 页　共 1 页

序号	项目名称	计量单位	暂定数量	实际数量	综合单价/元	合价/元	
						暂定	实际
一	人工						
1	普通工	工日	50				
2	技工（综合）	工日	30				
	人工小计						
二	材料						
1	水泥 42.5 级	t	1				
2	中砂	m³	8				
	材料小计						
三	施工机械						

续表

序号	项目名称	计量单位	暂定数量	实际数量	综合单价/元	合价/元 暂定	合价/元 实际
1	灰浆搅拌机（400L）	台班	1				
2							
	施工机械小计						
	合　计						

表 2-33　总承包服务费计价表

工程名称：某老年活动室工程　　　　　　　标段：　　　　　　　　第1页　共1页

序号	项目名称	项目价值/元	服务内容	计算基础	费率/%	金额/元
1	发包人发包专业工程（安装工程）	30000	总承包人应按专业工程承包人的要求提供施工工作面、垂直运输机械等，并对施工现场进行统一管理，对竣工资料进行统一整理和汇总，并承担相应的垂直运输机械费用			
2	发包人提供材料					
	合计					

表 2-34　规费、税金项目计价表（建筑工程部分）

工程名称：某老年活动室工程　　　　　　　标段：　　　　　　　　第1页　共1页

序号	项目名称	计算基础	计算基数	计算费率/%	金额/元
1	规费				
1.1	安全文明施工费	分部分项工程费+措施项目费+其他项目费		3.52	
(1)	安全施工费	分部分项工程费+措施项目费+其他项目费		2.16	
(2)	环境保护费	分部分项工程费+措施项目费+其他项目费		0.11	
(3)	文明施工费	分部分项工程费+措施项目费+其他项目费		0.54	

续表

序号	项目名称	计算基础	计算基数	计算费率/%	金额/元
(4)	临时设施费	分部分项工程费＋措施项目费＋其他项目费		0.71	
1.2	社会保险费	分部分项工程费＋措施项目费＋其他项目费		1.40	
1.3	住房公积金	按工程所在地设区市相关规定计算		按工程所在地设区市相关规定计算	
1.4	工程排污费	按工程所在地设区市相关规定计算		按工程所在地设区市相关规定计算	
1.5	建设项目工伤保险	按工程所在地设区市相关规定计算		按工程所在地设区市相关规定计算	
2	税金	分部分项工程费＋措施项目费＋其他项目费＋规费＋设备费		3.00	
合 计					

表 2-35 规费、税金项目计价表（装饰工程部分）

工程名称：某老年活动室工程　　　　　　标段：　　　　　　　　第 1 页 共 1 页

序号	项目名称	计算基础	计算基数	计算费率/%	金额/元
1	规费				
1.1	安全文明施工费	分部分项工程费＋措施项目费＋其他项目费		3.97	
(1)	安全施工费	分部分项工程费＋措施项目费＋其他项目费		2.16	
(2)	环境保护费	分部分项工程费＋措施项目费＋其他项目费		0.12	
(3)	文明施工费	分部分项工程费＋措施项目费＋其他项目费		0.10	
(4)	临时设施费	分部分项工程费＋措施项目费＋其他项目费		1.59	
1.2	社会保险费	分部分项工程费＋措施项目费＋其他项目费		1.40	
1.3	住房公积金	按工程所在地设区市相关规定计算		按工程所在地设区市相关规定计算	
1.4	工程排污费	按工程所在地设区市相关规定计算		按工程所在地设区市相关规定计算	

续表

序号	项目名称	计算基础	计算基数	计算费率/%	金额/元
1.5	建设项目工伤保险	按工程所在地设区市相关规定计算		按工程所在地设区市相关规定计算	
2	税金	分部分项工程费＋措施项目费＋其他项目费＋规费＋设备费		3.00	
合 计					

特别提示

国家计价规范中的规费包括社会保险费（养老保险费、失业保险费、医疗保险费、工伤保险费、生育保险费）、住房公积金和工程排污费。

《山东省建设工程费用项目组成及计算规则》中的规费包括安全文明施工费（安全施工费、环境保护费、文明施工费、临时设施费）、社会保险费（养老保险费、失业保险费、医疗保险费、工伤保险费、生育保险费）、住房公积金、工程排污费和建设项目工伤保险，表2-34、表2-35是山东省的规费、税金项目计价表，表中的费率都是含税的费率。

2.3.5 工程量清单报价的编制

下面以2.3.4节的工程量清单为例，编制该工程建筑工程及装饰工程部分清单报价的各项内容，投标总价的封面如图2.14所示，相关表格见表2-36~表2-55。

投 标 总 价

招 标 人：×××单位
工程名称：某老年活动室工程
投标总价(小写)：1012115.86元
　　　　 (大写)：壹佰零壹万贰仟壹佰壹拾伍元捌角陆分

投 标 人：_____
　　　　　　　(单位盖章)

法定代表人
或其授权人：_____
　　　　　　　(签字或盖章)

编 制 人：_____
　　　　　(造价人员签字盖专用章)

编制时间： ××××年××月××日

图 2.14 投标总价的封面

表 2-36 总说明

工程名称：某老年活动室工程　　　　　　　　　　　　　　　　　　　　第 1 页　共 1 页

1. 工程概况：本工程地处闹市区，为一两层老年活动室，总建筑面积 231.47m²，总高度 6.25m，层高 2.9m，活动室层高 5.8m；为部分砖混、部分框架结构，计划施工工期为 30 日历天。施工现场临近公路，交通运输方便，施工中采取相应的防噪声和排污措施。
2. 工程投标报价范围：为本次招标工程施工图范围内的建筑和装饰工程。
3. 投标报价的编制依据如下：
（1）招标文件、工程量清单及有关报价的要求。
（2）招标文件的补充通知和答疑纪要。
（3）施工图样及投标的施工组织设计。
（4）《建设工程工程量清单计价规范》《山东省建设工程工程量清单计价规则》《山东省建筑工程消耗量定额》、省（市）定额站发布的价格信息及有关计价文件等。
（5）有关的技术标准、规范和安全管理规定等。

表 2-37 建设项目投标报价汇总表

工程名称：某老年活动室工程　　　　　　　　　　　　　　　　　　　　第 1 页　共 1 页

序号	单项工程名称	金额/元	其中/元		
			暂估价	安全文明施工费	规费
1	×××建筑工程	779711.36	0.00	30573.67	44328.26
2	×××装饰工程	232404.50	0.00	8458.67	12570.81
	（其他略）				
	合　计	1012115.86	0.00	39032.34	56899.07

表 2-38 单项工程投标报价汇总表

工程名称：某老年活动室工程　　　　　　　　　　　　　　　　　　　　第 1 页　共 1 页

序号	单位工程名称	金额/元	其中/元		
			暂估价	安全文明施工费	规费
1	×××建筑工程	779711.36	0.00	30573.67	44328.26
2	×××装饰工程	232404.50	0.00	8458.67	12570.81
	（其他略）				
	合　计	1012115.86	0.00	39032.34	56899.07

表 2-39 单位工程投标报价汇总表（建筑工程部分）

工程名称：某老年活动室工程　　　　　标段：　　　　　　　　　　　　　第 1 页　共 1 页

序号	项目名称	金额/元	其中：材料暂估价/元
一	分部分项工程费	689136.25	
二	措施项目费	23536.81	
2.1	单价措施项目	11640.78	

续表

序号	项目名称	金额/元	其中：材料暂估价/元
2.2	总价措施项目	11896.03	
三	其他项目费		
3.1	暂列金额		
3.2	专业工程暂估价		
3.3	特殊项目暂估价		
3.4	计日工		
3.5	采购保管费		
3.6	其他检验试验费		
3.7	总承包服务费		
3.8	其他		
四	规费	44328.26	
五	设备费		
六	税金	22710.04	
投标报价合计＝一＋二＋三＋四＋五＋六		779711.36	0

表 2－40　单位工程投标报价汇总表（装饰工程部分）

工程名称：某老年活动室工程　　　　　　标段：　　　　　　　　　　第 1 页　共 1 页

序号	项目名称	金额/元	其中：材料暂估价/元
一	分部分项工程费	202280.84	
二	措施项目费	10783.79	
2.1	单价措施项目	2510.15	
2.2	总价措施项目	8273.64	
三	其他项目费		
3.1	暂列金额		
3.2	专业工程暂估价		
3.3	特殊项目暂估价		
3.4	计日工		
3.5	采购保管费		
3.6	其他检验试验费		
3.7	总承包服务费		
3.8	其他		
四	规费	12570.81	

续表

序号	项目名称	金额/元	其中：材料暂估价/元
五	设备费		
六	税金	6769.06	
投标报价合计=一+二+三+四+五+六		232404.50	0

表2-41 分部分项工程量清单与计价表（建筑工程部分）

工程名称：某老年活动室工程　　　　　　　标段：　　　　　　　第1页 共×页

序号	项目编码	项目名称	项目特征	计量单位	工程量	金额/元		
						综合单价	合价	其中：暂估价
1	010101001001	平整场地	土壤类别为普通土，土方就地挖、填、找平	m^2	164.94	7.11	1172.72	
2	010101003001	挖沟槽土方	1. 土壤类别：普通土 2. 基础类型：条形基础 3. 挖土深度：2m以内，沟槽挖土槽边就地堆放	m^3	98.34	59.64	5865.00	
3	010101004001	挖基坑土方	1. 土壤类别：普通土 2. 基础类型：独立基础 3. 挖土深度：2m以内，沟槽挖土槽边就地堆放	m^3	22.28	63.20	1408.10	
4	010103001001	回填土	基础回填土，场内取土，人工夯填	m^3	37.67	34.16	1286.81	
5	010103001002	回填土	房心回填土，场内取土，人工夯填	m^3	36.71	15.28	560.93	
6	010401001001	砖基础	1. 机制红砖，240mm×115mm×53mm 2. M5水泥砂浆	m^3	20.77	565.51	11745.64	
7	010401003001	实心砖墙	1. 烧结煤矸石普通砖240mm×115mm×115mm 2. 墙体厚度240mm 3. M5混合砂浆	m^3	27.38	604.08	16539.71	

续表

序号	项目编码	项目名称	项目特征	计量单位	工程量	金额/元		
						综合单价	合价	其中：暂估价
8	010401003002	实心砖墙	1. 烧结煤矸石普通砖 240mm×115mm×115mm 2. 墙体厚度 365mm 3. M5 混合砂浆	m³	10.05	581.66	5845.68	
9	010401005001	空心砖墙	1. 烧结煤矸石空心砖 240mm×240mm×115mm 2. 墙体厚度 365mm 3. M5 混合砂浆	m³	53.04	468.57	24852.95	
10	010401005002	空心砖墙	1. 烧结煤矸石空心砖 240mm×115mm×53mm 2. 墙体厚度 115mm 3. M5 混合砂浆	m³	1.57	556.80	874.18	
11	010501002001	带形基础	1. 基础类型：有梁式带形基础 2. 混凝土强度等级：C25 3. 现场搅拌混凝土	m³	27.77	613.69	17042.17	
12	010501003001	独立基础	1. 基础类型：独立基础 2. 混凝土强度等级：C25 3. 现场搅拌混凝土	m³	4.96	609.70	3024.11	
13	010502001001	矩形柱	1. 柱种类：矩形柱 2. 混凝土强度等级：C25 3. 现场搅拌混凝土	m³	10.50	784.55	8237.78	
14	010502002001	构造柱	1. 柱种类：构造柱 2. 混凝土强度等级：C20 3. 现场搅拌混凝土	m³	4.60	1092.44	5025.22	

续表

序号	项目编码	项目名称	项目特征	计量单位	工程量	综合单价	合价	其中：暂估价
15	010503002001	矩形梁	1. 混凝土强度等级：C25 2. 现场搅拌混凝土	m³	6.60	677.01	4468.27	
16	010503004001	圈梁	1. 混凝土强度等级：C20 2. 现场搅拌混凝土	m³	9.63	955.54	9201.85	
17	010503005001	过梁	1. 混凝土强度等级：C20 2. 现场搅拌混凝土	m³	1.19	1092.44	1300.00	
18	010505003001	平板	1. 混凝土强度等级：C25 2. 现场搅拌混凝土	m³	31.36	680.83	21350.83	
19	010505007001	天沟（檐沟）、挑檐板	1. 混凝土强度等级：C20 2. 现场搅拌混凝土	m³	3.56	975.43	3472.53	
20	010505008001	雨篷、悬挑板、阳台板	1. 混凝土强度等级：C20 2. 现场搅拌混凝土	m³	1.86	58.84	109.44	
21	010510003001	过梁成品	混凝土强度等级：C20	m³	2.07	695.35	1439.37	
22	010514002001	其他构件	1. 预制小型构件 2. 混凝土强度等级：C20	m³	0.65	830.54	539.85	
23	010515001001	现浇构件钢筋	圆钢筋 Φ10	t	0.279	7340.23	2047.92	
24	010515001002	现浇构件钢筋	圆钢筋 Φ12	t	0.014	6361.54	89.06	
25	010515001003	现浇构件钢筋	圆钢筋 Φ14	t	0.197	6361.04	1253.12	
26	010515001004	现浇构件钢筋	螺纹钢筋 Φ6.5	t	0.004	7006.08	28.02	
27	010515001005	现浇构件钢筋	螺纹钢筋 Φ8	t	0.868	7007.09	6082.15	
28	010515001006	现浇构件钢筋	螺纹钢筋 Φ10	t	1.745	7007.08	12227.35	
29	010515001007	现浇构件钢筋	螺纹钢筋 Φ12	t	0.589	6503.38	3830.49	

续表

序号	项目编码	项目名称	项目特征	计量单位	工程量	金额/元		
						综合单价	合价	其中：暂估价
30	010515001008	现浇构件钢筋	螺纹钢筋 ⏀14	t	0.055	6503.33	357.68	
31	010515001009	现浇构件钢筋	螺纹钢筋 ⏀16	t	0.036	6503.51	234.13	
32	010515001010	现浇构件钢筋	螺纹钢筋 ⏀18	t	2.046	6503.38	13305.92	
33	010515001011	现浇构件钢筋	螺纹钢筋 ⏀20	t	1.205	5806.10	6996.35	
34	010515001012	现浇构件钢筋	箍筋 φ6.5	t	0.210	8300.24	1743.05	
35	010515001013	现浇构件钢筋	箍筋 φ8	t	0.957	8300.24	7943.33	
36	010902001001	屋面卷材防水	1. 1：3 水泥砂浆找平层 20mm 厚 2. PVC 卷材	m²	194.01	93.63	18165.16	
37	010902002001	屋面涂膜防水	1. 1：3 水泥砂浆找平层 20mm 厚 2. 聚氨酯涂膜防水厚 2mm	m²	194.01	82.69	16042.69	
38	011001001001	保温隔热屋面	1. 干铺憎水珍珠岩块 80mm 厚 2. 1：10 现浇水泥珍珠岩找坡 2%	m²	179.39	61.7	11068.36	
	（其他略）							
			合　　计				689136.25	

表 2-42　分部分项工程量清单与计价表（装饰工程部分）

工程名称：某老年活动室工程　　　　　　标段：　　　　　　　　　　第 1 页　共×页

序号	项目编码	项目名称	项目特征	计量单位	工程量	金额/元		
						综合单价	合价	其中：暂估价
1	011102003001	块料楼地面	1.1：3 水泥砂浆灌铺地瓜石厚 150mm 2.1：3 水泥砂浆找平层厚 20mm 3.1：2.5 水泥细砂浆厚 10mm，粘贴全瓷抛光地板砖，地板砖规格 800mm×800mm（地面） 4. 楼地面酸洗打蜡	m²	57.00	291.08	16591.56	

续表

序号	项目编码	项目名称	项目特征	计量单位	工程量	综合单价	合价	其中：暂估价
2	011102003002	块料楼地面	1. 1:3水泥砂浆找平层厚20mm 2. 1:2.5水泥细砂浆厚10mm，粘贴全瓷抛光地板砖，地板砖规格800mm×800mm（楼面） 3. 楼地面酸洗打蜡	m²	41.50	221.21	9180.22	
3	011104002001	竹、木（复合）地板	1. 1:3水泥砂浆灌铺地瓜石厚150mm 2. 1:3水泥砂浆找平层厚20mm 3. 干铺厚4～5mm软泡沫塑料垫层 4. 铺条形复合木地板（成品）	m²	83.95	243.49	20440.99	
4	011105003001	块料踢脚线	1. 踢脚线高200mm 2. 1:2.5水泥细砂浆厚10mm，粘贴地板砖	m²	12.95	225.82	2924.37	
5	011105005001	木质踢脚线	直线形实木踢脚线（装饰夹板）高200mm	m²	6.44	153.68	989.70	
6	011201001001	墙面一般抹灰	1. 砖墙面 2. 1:3水泥砂浆打底厚14mm 3. 1:2水泥砂浆压光厚6mm	m²	418.84	47.55	19915.84	
7	011204003001	块料墙面	1. 1:3水泥砂浆打底厚6mm 2. 1:1水泥细砂浆厚6mm，粘贴内墙瓷砖152mm×152mm，白水泥浆擦缝	m²	38.84	149.96	5824.45	

续表

序号	项目编码	项目名称	项目特征	计量单位	工程量	综合单价	合价	其中：暂估价
8	011204003002	块料墙面	1. 1∶3 水泥砂浆打底厚 14mm 2. 1∶2 水泥砂浆找平层厚 6mm，刷素水泥浆一遍 3. 1∶1 水泥细砂浆厚 5mm，粘贴瓷质外墙砖，规格 60mm×240mm，素水泥浆擦缝 4. 灰缝 5mm 以内	m²	290.17	223.14	64748.53	
9	011301001001	天棚抹灰	1. 基层类型：现浇混凝土 2. 刷素水泥浆一遍 3. 1∶3 水泥砂浆找平层厚 5mm 4. 1∶2 水泥砂浆压光厚 3mm	m²	99.05	35.54	3520.24	
10	011302001001	吊顶天棚	1. 现浇混凝土板底吊不上人装配式 U 形轻钢龙骨，间距 450mm×450mm 2. 轻钢龙骨上铺钉密度板 3. 面层粘贴厚 6mm 铝塑板	m²	83.95	279.55	23468.22	
11	010802001001	金属（塑钢）门	铝合金推拉门	m²	23.22	399.94	9286.61	
12	010807001001	金属（塑钢、断桥）窗	铝合金推拉窗	m²	22.05	394.2	8692.11	
13	010807001002	金属（塑钢、断桥）窗	铝合金固定窗	m²	14.40	332.05	4781.52	
14	011407001001	墙面喷刷涂料	1. 内墙抹灰面满刮腻子两遍 2. 墙柱光面刷乳胶漆两遍	m²	418.84	22.39	9377.83	

续表

序号	项目编码	项目名称	项目特征	计量单位	工程量	金额/元		
						综合单价	合价	其中：暂估价
15	011407002001	天棚喷刷涂料	1. 顶棚抹灰面满刮腻子两遍 2. 顶棚刷乳胶漆两遍	m²	99.05	25.63	2538.65	
	（其他略）							
			合　计				202280.84	

表 2-43　单价措施项目清单与计价表（建筑工程部分）

工程名称：某老年活动室工程　　　　　　　　标段：　　　　　　　　　　　　第 1 页　共 1 页

序号	项目编码	项目名称	项目特征	计量单位	工程量	金额/元		
						综合单价	合价	其中：暂估价
1	011701002001	外脚手架	1. 搭设方式：双排 2. 搭设高度：6.63m 3. 脚手架材质：钢管	m²	364.38	26.73	9739.88	
2	011701003001	里脚手架	1. 搭设方式：双排 2. 搭设高度：5.62m 3. 脚手架材质：钢管	m²	49.85	18.62	928.21	
3	011701003002	里脚手架	1. 搭设方式：单排 2. 搭设高度：2.79m 3. 脚手架材质：钢管	m²	88.83	10.95	972.69	
	（其他略）							
			合　计				11640.78	

表 2-44　总价措施项目清单与计价表（建筑工程部分）

工程名称：某老年活动室工程　　　　　　　　标段：　　　　　　　　　　　　第 1 页　共 1 页

序号	项目名称	计算基础	费率/%	金额/元	备注
1	夜间施工增加费	省人工费	2.80	3640.07	
2	二次搬运费	省人工费	2.40	3120.05	
3	冬雨季施工增加费	省人工费	3.20	4160.06	
4	已完工程及设备保护费	省直接费	0.15	975.85	
	合　计			11896.03	

表 2-45 单价措施项目清单与计价表（装饰工程部分）

工程名称：某老年活动室工程　　　　　　标段：　　　　　　　第1页 共1页

序号	项目编码	项目名称	项目特征	计量单位	工程量	金额/元		
						综合单价	合价	其中：暂估价
1	011701006001	满堂脚手架	1. 搭设方式：满堂 2. 搭设高度：5.62m 3. 脚手架材质：钢管	m²	85.7	29.29	2510.15	
	（其他略）							
			合　计				2510.15	

表 2-46 总价措施项目清单与计价表（装饰工程部分）

工程名称：某老年活动室工程　　　　　　标段：　　　　　　　第1页 共1页

序号	项目名称	计算基础	费率/%	金额/元	备注
1	夜间施工增加费	省人工费	4.00	2654.00	
2	二次搬运费	省人工费	3.60	2388.61	
3	冬雨季施工增加费	省人工费	4.50	2985.76	
4	已完工程及设备保护费	省直接费	0.15	245.27	
	合　计			8273.64	

表 2-47 其他项目清单与计价汇总表

工程名称：某老年活动室工程　　　　　　标段：　　　　　　　第1页 共1页

序号	项目名称	金额/元	结算金额/元	备注
1	暂列金额			明细详见表 2-44
2	暂估价			
2.1	材料（工程设备）暂估价			明细详见表 2-45
2.2	专业工程暂估价			明细详见表 2-46
3	计日工			明细详见表 2-47
4	总承包服务费			明细详见表 2-48
	合　计			

表 2-48 暂列金额明细表

工程名称：某老年活动室工程　　　　　　标段：　　　　　　　　第 1 页　共 1 页

序号	项目名称	计量单位	暂定金额/元	备注
1	设计变更、工程量清单有误	项		
2	国家的法律、法规、规章和政策发生变化时的调整及材料价格风险	项		
3	索赔与现场签证等	项		
	合计			

表 2-49 材料（工程设备）暂估单价及调整表

工程名称：某老年活动室工程　　　　　　标段：　　　　　　　　第 1 页　共 1 页

序号	材料（工程设备）名称、规格、型号	计量单位	数量		暂估/元		确认/元		差额±/元		备注
			暂估	确认	单价	合价	单价	合价	单价	合价	
1											
2											
3											

表 2-50 专业工程暂估价及结算价表

工程名称：某老年活动室工程　　　　　　标段：　　　　　　　　第 1 页　共 1 页

序号	工程名称	工程内容	暂估金额/元	结算金额/元	差额±/元	备注
1	安装工程	施工图范围内的水、电、暖				如"消防工程项目设计图纸有待完善"
2						
3						
	合计					

表 2-51 计日工表

工程名称：某老年活动室工程　　　　　　标段：　　　　　　　　第 1 页　共 1 页

序号	项目名称	计量单位	暂定数量	实际数量	综合单价/元	合价/元	
						暂定	实际
一	人工						
1	普通工	工日	50				

续表

序号	项目名称	计量单位	暂定数量	实际数量	综合单价/元	合价/元 暂定	实际
2	技工（综合）	工日	30				
	人工小计						
二	材料						
1	水泥42.5级	t	1				
2	中砂	m³	8				
	材料小计						
三	施工机械						
1	灰浆搅拌机（400L）	台班	1				
2							
	施工机械小计						
	合　　计						

表 2－52　总承包服务费计价表

工程名称：某老年活动室工程　　　　　　　标段：　　　　　　　　　　　　　　第1页　共1页

序号	项目名称	项目价值/元	服务内容	计算基础	费率/%	金额/元
1	发包人发包专业工程（安装工程）	30000	总承包人应按专业工程承包人的要求提供施工工作面、垂直运输机械等，并对施工现场进行统一管理，对竣工资料进行统一整理和汇总，并承担相应的垂直运输机械费用			
2	发包人提供材料					
	合计					

表 2－53　规费、税金项目计价表（建筑工程部分）

工程名称：某老年活动室工程　　　　　　　标段：　　　　　　　　　　　　　　第1页　共1页

序号	项目名称	计算基础	费率/%	金额/元
1	规费			44328.26
1.1	安全文明施工费			30573.67

续表

序号	项目名称	计算基础	费率/%	金额/元
1.1.1	安全施工费	分部分项工程费+措施项目费+其他项目费-不取规费合计	2.16	15393.74
1.1.2	环境保护费	分部分项工程费+措施项目费+其他项目费-不取规费合计	0.11	3990.97
1.1.3	文明施工费	分部分项工程费+措施项目费+其他项目费-不取规费合计	0.54	4632.37
1.1.4	临时设施费	分部分项工程费+措施项目费+其他项目费-不取规费合计	0.71	6556.59
1.2	社会保险费	分部分项工程费+措施项目费+其他项目费-不取规费合计	1.40	9977.42
1.3	住房公积金	分部分项工程费+措施项目费+其他项目费-不取规费合计	0.19	1354.08
1.4	工程排污费	分部分项工程费+措施项目费+其他项目费-不取规费合计	0.24	1710.42
1.5	建设项目工伤保险	分部分项工程费+措施项目费+其他项目费-不取规费合计	0.10	712.67
1.6	优质优价费	分部分项工程费+措施项目费+其他项目费-不取规费合计	0	
2	税金	分部分项工程费+措施项目费+其他项目费+规费+设备费-不取税金合计-甲供材料费-甲供主材费-甲供设备费	3.00	22710.04
	合计			67038.30

注：本表参照山东省的规定执行。

表2-54 规费、税金项目计价表（装饰工程部分）

工程名称：某老年活动室工程　　　　　标段：　　　　　　　　　　第1页 共1页

序号	项目名称	计算基础	费率/%	金额/元
1	规费			12570.81
1.1	安全文明施工费			8458.67
1.1.1	安全施工费	分部分项工程费+措施项目费+其他项目费-不取规费合计	2.16	4602.20
1.1.2	环境保护费	分部分项工程费+措施项目费+其他项目费-不取规费合计	0.12	255.68
1.1.3	文明施工费	分部分项工程费+措施项目费+其他项目费-不取规费合计	0.10	213.06

续表

序号	项目名称	计算基础	费率/%	金额/元
1.1.4	临时设施费	分部分项工程费+措施项目费+其他项目费－不取规费合计	1.59	3387.73
1.2	社会保险费	分部分项工程费+措施项目费+其他项目费－不取规费合计	1.40	2982.90
1.3	住房公积金	分部分项工程费+措施项目费+其他项目费－不取规费合计	0.19	404.82
1.4	工程排污费	分部分项工程费+措施项目费+其他项目费－不取规费合计	0.24	511.36
1.5	建设项目工伤保险	分部分项工程费+措施项目费+其他项目费－不取规费合计	0.10	213.06
1.6	优质优价费	分部分项工程费+措施项目费+其他项目费－不取规费合计	0	
2	税金	分部分项工程费+措施项目费+其他项目费+规费+设备费－不取税金合计－甲供材料费－甲供主材费－甲供设备费	3.00	6769.06
	合计			19339.87

注：本表参照山东省的规定执行。

特别提示

在编制"工程量清单综合单价分析表"时，需要对清单项目逐项进行分析，即每一个清单项目都要形成一个综合单价分析表，国家《建设工程工程量清单计价规范》中的综合单价分析表如表2-16所示，此处不再列举。山东省工程量清单综合单价分析表如表2-55所示。

表2-55 山东省工程量清单综合单价分析表

工程名称：某老年活动室工程　　　　　标段：　　　　　　　第1页 共×页

序号	项目编码	项目名称	计量单位	工程量	综合单价组成/元					综合单价/元
					人工费	材料费	机械费	计费基础	管理费和利润	
1	010101001001	平整场地 土壤类别为普通土，土方就地挖、填、找平	m²	164.940	5.25			4.62	1.86	7.11
	1-4-1	人工场地平整	10m²	16.494	5.25			4.62	1.87	7.12

续表

序号	项目编码	项目名称	计量单位	工程量	综合单价组成/元					综合单价/元
					人工费	材料费	机械费	计费基础	管理费和利润	
		材料费中：暂估价合计								
2	010101003001	挖沟槽土方 1. 土壤类别：普通土 2. 基础类型：条形基础 2. 挖土深度：2m以内，沟槽挖土槽边就地堆放	m³	98.340	44.00			38.72	15.64	59.64
	1-2-6	人工挖沟槽，普通土，槽深≤2m	10m³	9.834	44.00			38.72	15.64	59.64
		材料费中：暂估价合计								
		（其他略）								
3	011102003001	块料楼地面 1. 1∶3水泥砂浆灌铺地瓜石厚150mm 2. 1∶3水泥砂浆找平层厚20mm 3. 1∶2.5水泥细砂浆厚10mm，粘贴全瓷抛光地板砖，地板砖规格800mm×800mm（地面） 4. 楼地面酸洗打蜡	m²	57.000	69.88	171.30	3.21	61.28	46.69	291.08
	2-1-23	垫层，地瓜石灌浆	10m³	0.855	17.55	39.07	1.49	15.44	11.77	69.88
	11-1-1	水泥砂浆，在混凝土或硬基层上，20mm	10m²	5.700	10.41	9.98	0.46	9.12	6.95	27.80
	11-3-31	楼地面，水泥砂浆，周长≤3200mm	10m²	5.700	36.58	121.52	1.27	32.04	24.41	183.78
	11-5-11	酸洗打蜡，块料楼地面	10m²	5.700	5.34	0.72		4.68	3.57	9.63
		材料费中：暂估价合计								
4	011102003002	块料楼地面 1. 1∶3水泥砂浆找平层厚20mm 2. 1∶2.5水泥细砂浆厚10mm，粘贴全瓷抛光地板砖，地板砖规格800mm×800mm（楼面） 3. 楼地面酸洗打蜡	m²	41.500	52.33	132.22	1.73	45.84	34.93	221.21

续表

序号	项目编码	项目名称	计量单位	工程量	综合单价组成/元					综合单价/元
					人工费	材料费	机械费	计费基础	管理费和利润	
	11-1-1	水泥砂浆,在混凝土或硬基层上,20mm	10m²	4.150	10.41	9.98	0.46	9.12	6.95	27.80
	11-3-31	楼地面,水泥砂浆,周长≤3200mm	10m²	4.150	36.58	121.52	1.27	32.04	24.41	183.78
	11-5-11	酸洗打蜡,块料楼地面	10m²	4.150	5.34	0.72		4.68	3.57	9.63
		材料费中:暂估价合计								
		(其他略)								

任务 2.4 某别墅施工图设计文件(实训)

下面为某别墅施工图设计文件,试根据该施工图编制以下内容:①编制出该工程的工程量清单;②编制出该工程的工程量清单报价。

2.4.1 建筑设计说明及建筑做法说明

1. 建筑设计说明

(1) 本工程为某集团别墅17#楼。
(2) 本工程位于山坡地,地上2层,坡屋顶,阁楼不上人;为与别墅区其他别墅协调,坡屋顶坡度统一采用1:2.5,坡屋顶采用自由落水。
(3) 方案经甲方同意。
(4) 本设计采用砖混结构。
(5) 总建筑面积为333.8m²,总高度为8.1m;±0.000m相当于绝对标高193.000m。
(6) 庭院及周围室外工程另行设计。

2. 建筑做法说明(选用LJ102)

(1) 散水:散7,混凝土水泥散水,宽1000mm。
(2) 地面:地6,混凝土水泥地面;地15,铺地板砖地面。
(3) 楼面:楼11,细石混凝土水泥楼面;楼19,铺地板砖楼面(带防水层),用于卫生间,采用防滑地板砖。
(4) 屋面:屋21,铺地板砖保护层屋面,保温层改为100mm厚憎水型珍珠岩保温板(用于平台);坡屋面构造详见建施①/4。

(5) 内墙：内墙 6，混合砂浆抹面。

(6) 外墙：外墙 5，水泥砂浆墙面，表面刷外墙涂料；外墙 13，贴釉面瓷砖墙面。

(7) 墙裙：裙 10，釉面瓷砖墙裙。

(8) 踢脚：踢 3，水泥砂浆踢脚，高 150mm。

(9) 顶棚：棚 6，混合砂浆顶棚；棚 5，水泥砂浆顶棚。

(10) 油漆：油漆 7，清漆；油漆 21，调和漆，锗石色，用于铁件。

(11) 粉刷：白色乳胶漆涂料两遍，用于内墙及顶棚。

(12) 其他：除注明外，防水层均改为改性沥青卷材。

2.4.2 结构设计总说明

结构设计总说明如图 2.26 所示。

2.4.3 某别墅施工图

某别墅施工图如图 2.15～图 2.35 所示。

门窗表
(除注明外，外窗均采用白色塑钢窗)

类别	编号	洞口尺寸 宽×高	引用标准图	标准图编号	数量 一层	数量 二层	合计	备注
门	M1	2700×2500			1		1	车库翻板门甲方自理
	M2	1200×2500	L92J601	27页 M1-405	1		1	实木门
	M3	900×2100	L92J601	59页 M2-57	3	5	8	夹板门
	M4	900×2100	L92J601	72页 M2-305 调整宽度	1	1	2	双扇平开夹板门
	M5	700×2100	L92J601	57页 M2-2	2	3	5	夹板门
	M6	1600×2100	见详图		1	1	2	推拉塑钢门
	M7	800×2500	L92J601	57页 M2-23		2	2	夹板门
	MC1	3000×2100	见详图			1	1	塑钢门连窗
窗	C1	2400×1600	L90J605	51页 ZPC-2418 调整高度	1		1	塑钢平开窗
	C2	1800×1900	L90J605	25页 PC3-1818 调整高度	2		2	塑钢平开窗 窗台高600mm
	C3	1500×1900	L90J605	25页 PC3-1518 调整高度	2		2	塑钢平开窗 窗台高600mm
	C4	1800×1600	L90J605	24页 PC2-1815 调整高度	1	1	2	塑钢平开窗
	C5	1500×1600	L90J605	24页 PC2-1515 调整高度	2	1	3	塑钢平开窗
	C6	1200×1600	L90J605	24页 PC2-1215 调整高度	1	1	2	塑钢平开窗
	C7	900×1600	L90J605	24页 PC2-0915 调整高度	1	1	2	塑钢平开窗
	C8	600×1600	L90J605	24页 PC2-0615 调整高度	5	3	8	塑钢平开窗
	C9	500×1600	L90J605	24页 PC2-0615 调整宽高	1	1	2	塑钢平开窗

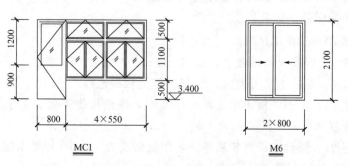

图 2.15 门窗统计

项目2 建筑工程工程量清单计价实训

图2.16同步放大图

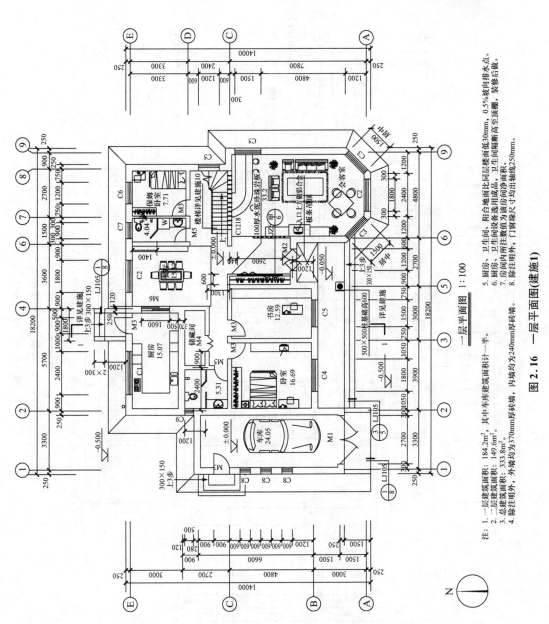

图2.16 一层平面图(建施1)

注：1. 一层建筑面积：184.2m²，其中车库建筑面积计一半。
2. 二层建筑面积：149.6m²。
3. 总建筑面积：333.8m²。
4. 除注明外，外墙均为370mm厚砖墙，内墙均为240mm厚砖墙。
5. 厨房、卫生间、阳台面比同层楼面低30mm，0.5%坡向排水点。
6. 厨房、卫生间设备选用成品，卫生间隔断高至顶棚，装修后做。
7. 房间内所注数值为该房间净面积。
8. 除注明外，门窗梁尺寸均出轴线250mm。

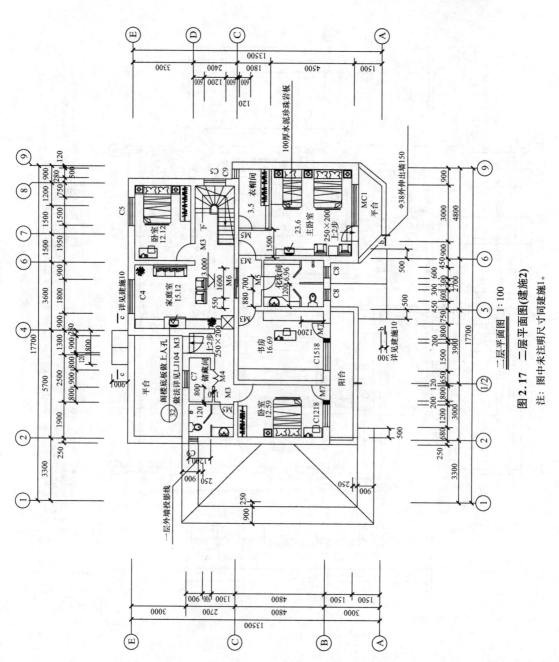

图2.17 二层平面图(建施2)

注：图中未注明尺寸同建施1。

项目 2 建筑工程工程量清单计价实训

图2.18同步放大图

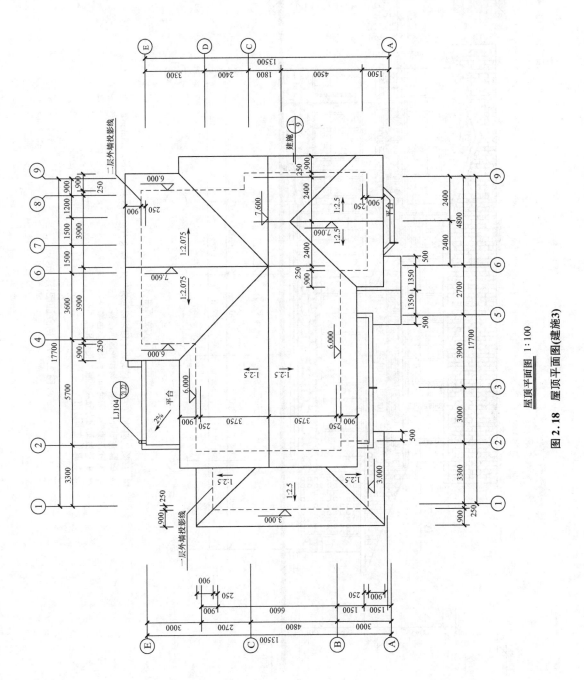

图 2.18 屋顶平面图(建施3)

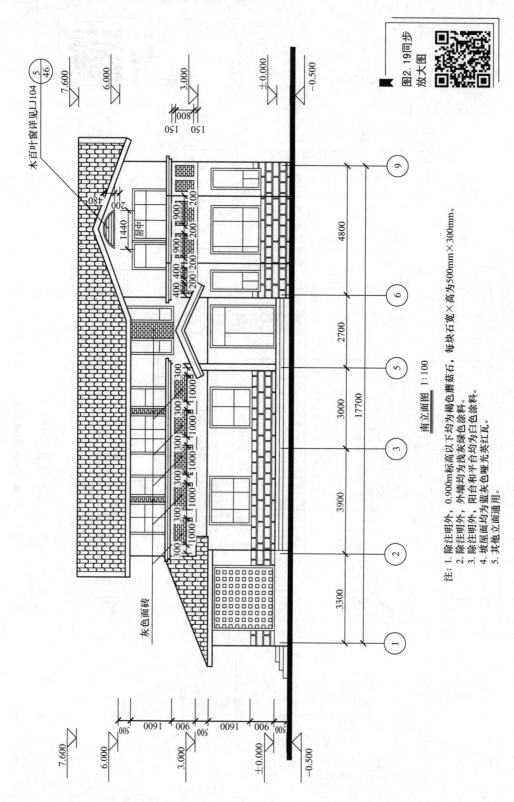

图 2.19 南立面图(建施 4)

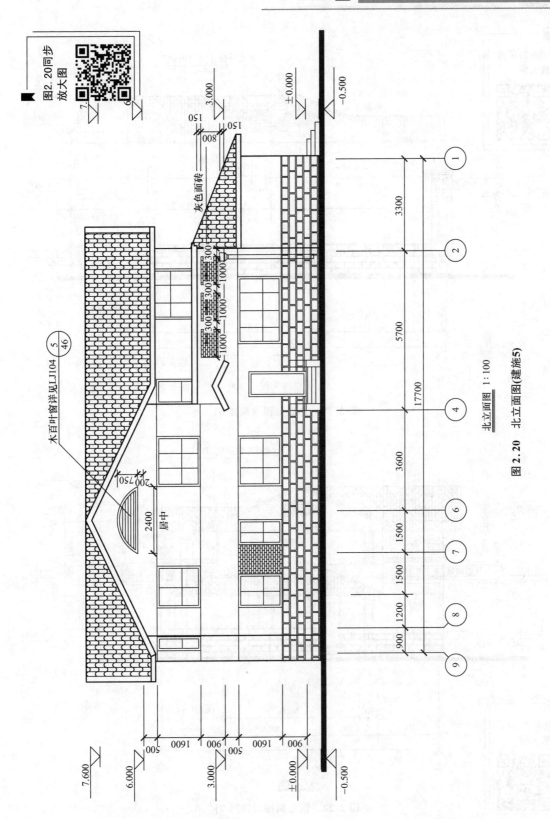

图 2.20 北立面图(建施5)

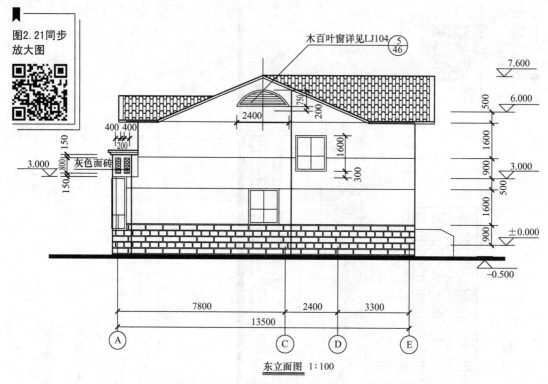

图 2.21 东立面图（建施 6）

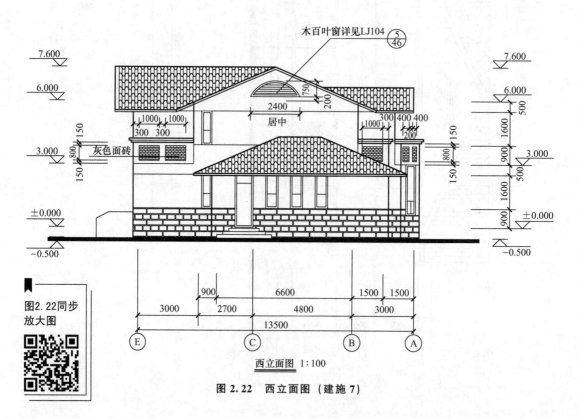

图 2.22 西立面图（建施 7）

项目 2　建筑工程工程量清单计价实训

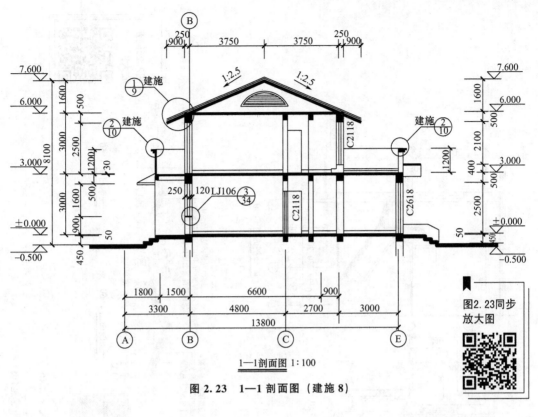

图 2.23　1—1 剖面图（建施 8）

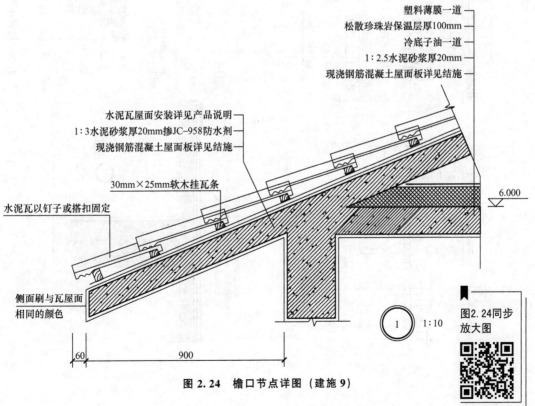

图 2.24　檐口节点详图（建施 9）

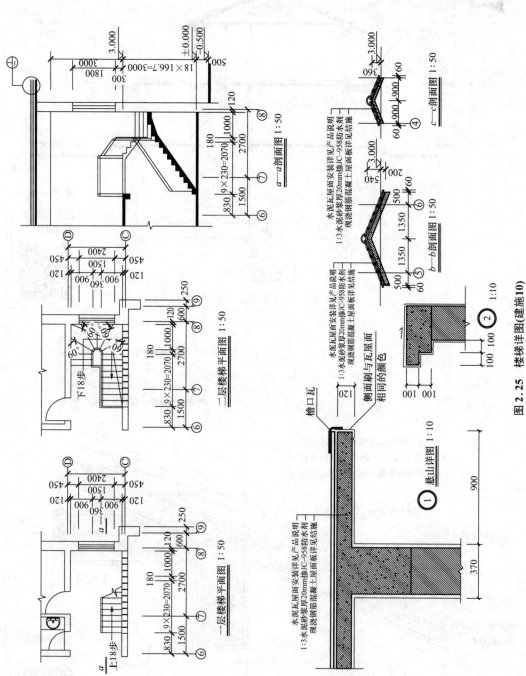

图 2.25 楼梯详图(建施 10)

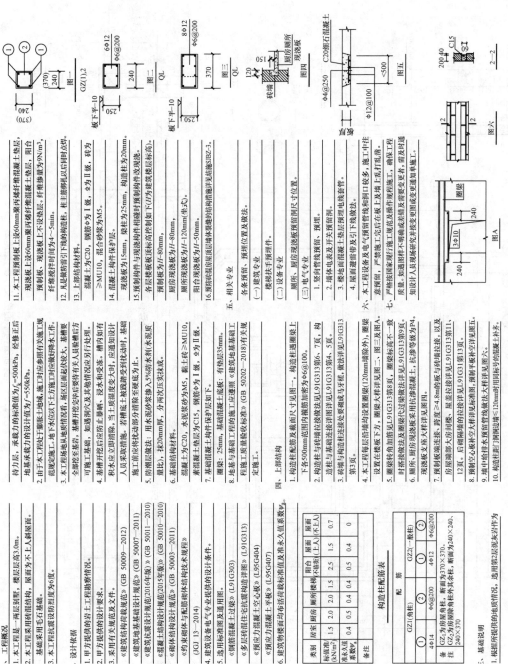

图2.26 结构设计总说明(结施1)

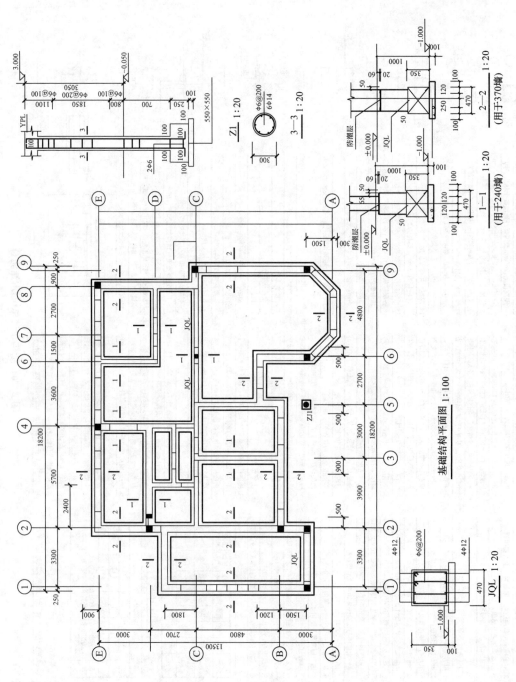

图2.27 基础结构平面图及详图(结施2)

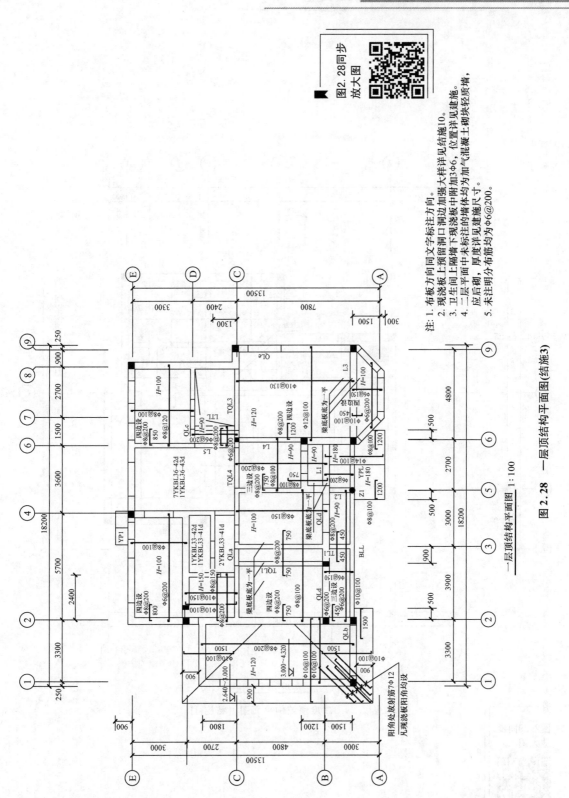

图2.28 一层顶结构平面图(结施3)

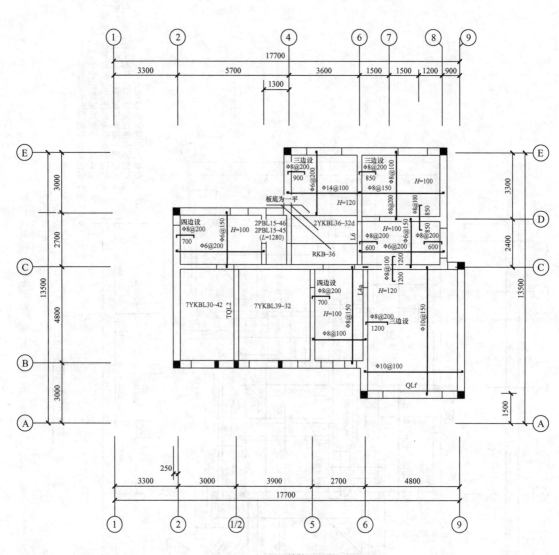

二层顶结构平面图 1:100

图 2.29 二层顶结构平面图（结施 4）

图2.29同步放大图

图2.30同步放大图

注：1. 本平面图中标明的内墙的内墙均砌至坡屋面底，为避免闷顶，墙体开洞位置宽度均同下层，高度为二层顶至QL顶。
2. 现浇板上预留洞口洞边加强大样详见结施10。
3. 未注明分布筋均为Φ6@200。

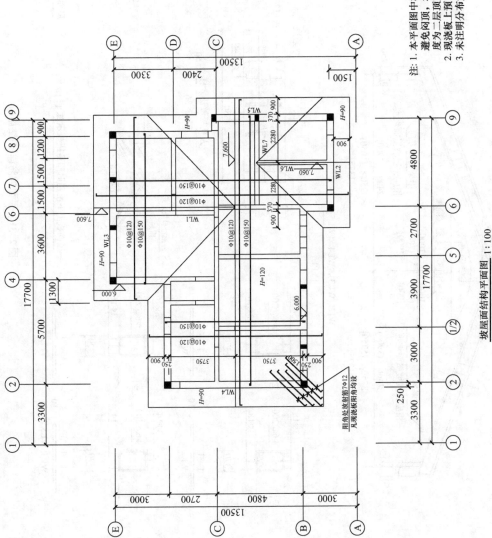

坡面结构平面图 1:100

图2.30 坡屋面结构平面图(结施5)

图2.31同步放大图

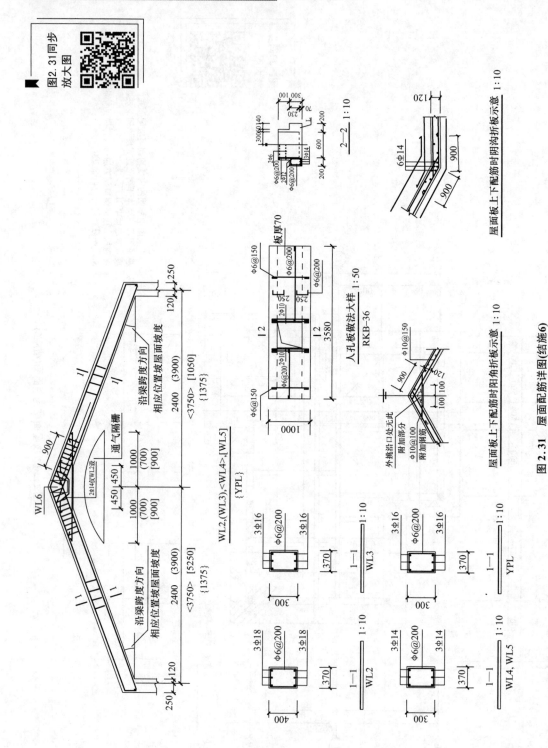

图2.31 屋面配筋详图(结施6)

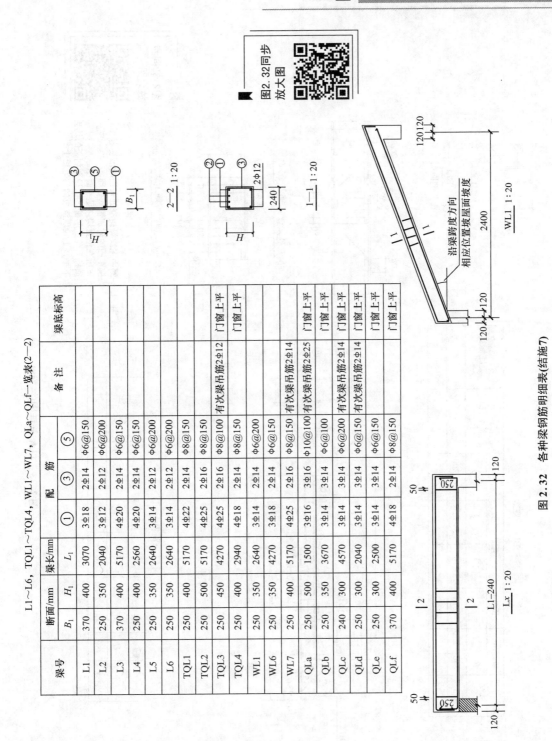

图2.32 各种梁钢筋明细表（结施7）

图2.33同步放大图

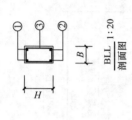

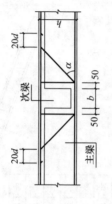

吊筋处示意 $h \leq 800, \alpha = 45°$

加密箍筋示意 1:20

注:1. 平面中主次梁相交处未注明吊筋者均按本图的附加箍筋处理。
2. 次梁所在位置均见平面图。
3. 梁顶标高除注明外,上设预制板的均为板下平,上设现浇板的均为板上平。

BLL一览表

梁号	断面/mm		梁长/mm	配筋			备注	梁底标高
	B	H	L1	①	②	③		
BLL	240	350	7270	3Φ14	3Φ12	Φ6@200		

TL1 1:20 大样图

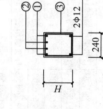

1—1 1:20

TL1一览表

梁号	断面/mm		梁长/mm		配筋			备注
	H		L1	L2	①	②	③	
TL1	350		1500	2500	2Φ22	2Φ22	Φ8@100	

图2.33 TL配筋详图(结施8)

图2.34 楼梯配筋详图(结施9)

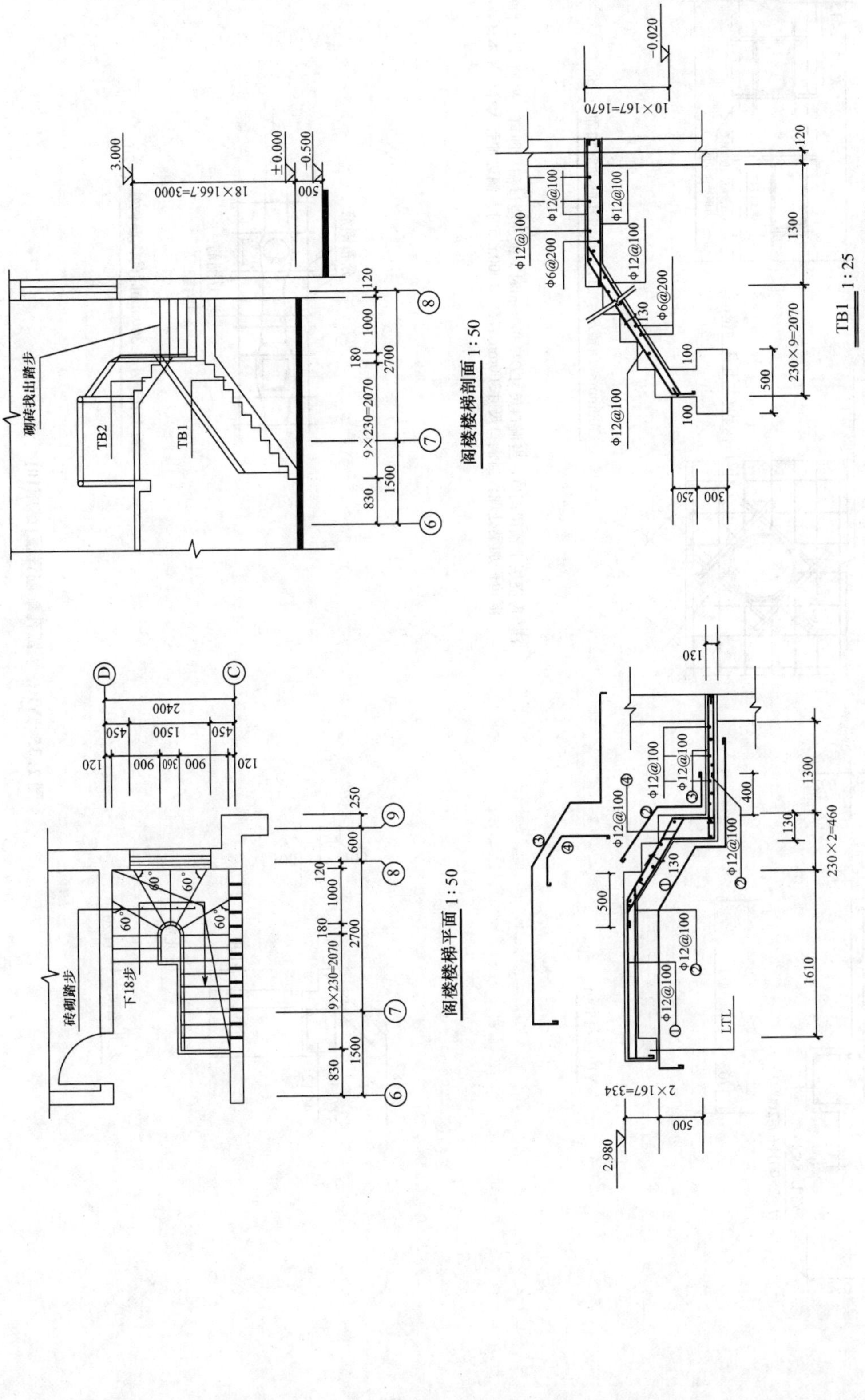

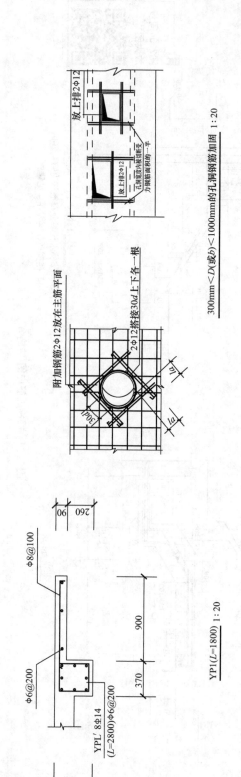
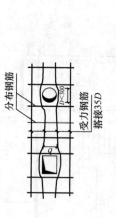

图2.35 YP、预留孔配筋详图(结施10)

项目 3　建筑工程计价软件应用实训

教学目标

本项目的教学目标：继续强化学习手工算量的基本流程，并了解软件带给算量工作的价值；掌握软件的基本画图方法和计算原理；掌握软件的画图操作流程，能用软件对小规模的工程进行算量和计价，逐步提高学生的动手能力和软件操作能力，为适应信息化时代的发展打好坚实的基础。

学习要求

能力目标	知识要点	相关知识	权重
掌握基本的软件画图方法	点、线、面等基本操作	以某个软件为例介绍软件图形算量的过程	30%
掌握应用软件进行钢筋工程量计算的方法	钢筋图的绘制，工程量的计算	以某个软件为例介绍软件钢筋抽样的过程	30%
能用软件进行简单的计算	通过练习达到熟练运用软件的目的	小规模的工程算量	40%

任务 3.1 建筑工程计价软件应用实训任务书

3.1.1 实训目的和要求

1. 实训目的

在社会竞争日益加剧的今天,传统的手工算量无论在时间上还是在准确度上都存在很多问题,而计价软件利用先进的信息技术可以完全解决这些问题。本项目旨在通过对计价软件的学习,继续提高学生读图、识图的能力,强化学生手工算量的基本流程,使学生掌握软件的基本画图方法和计价原理,能够更快、更准确地计算出工程量。

2. 实训要求

目前各种建筑工程计价软件很多,如广联达计价软件、青山计价软件、鲁班计价软件等,在此不一一列举。这些计价软件各有优点,但有一个共同点就是安装简单、操作方便,既减少了计算的工作量、提高了准确度,又加快了预算编制的速度。这就要求学生应掌握至少一种计价软件的操作方法,通过反复操作,强化训练,至少完成两套不同结构类型图样的算量计价。在实训过程中,要求学生提高读图、识图的能力,加深对计算规则的理解,严格按照相关计价规定编制;使学生养成科学严谨的工作态度,严禁捏造、抄袭等行为;要求学生能够独立完成实训课程设计,以提高自己的软件操作能力;要求学生树立十足的信心,并时刻牢记软件是用来为造价人员服务的,要学会驾驭软件,而不是被软件驾驭。

3.1.2 实训内容

本项目以广联达计价软件的使用操作为例,系统地讲述如何应用计价软件编制建筑工程造价文件,主要包含以下几个方面的内容。

1. 图形算量 GCL 8.0 软件操作

(1) 新建工程。
(2) 新建轴网。
(3) 构件的定义和绘制。

2. 钢筋抽样 GGJ 10.0 软件操作

(1) 新建工程。
(2) 新建轴网。
(3) 钢筋的定义和绘制。

3.1.3 实训时间安排

实训时间安排见表 3-1。

表 3-1　实训时间安排

序号	内　　容	时间/天
1	实训准备工作，熟悉图纸、消耗量定额、清单计价规范，了解工程概况，进行项目划分	0.5
2	图形算量软件操作	1.5
3	钢筋抽样软件操作	2.0
4	报表汇总	0.5
5	打印、整理装订成册	0.5
6	合计	5.0

任务 3.2　建筑工程计价软件应用实训指导书

3.2.1　编制依据

(1) 课程实训应严格执行国家和省、自治区、直辖市颁布的现行行业标准、规范、规程、定额、计价规范，以及有关造价的政策及文件。

(2) 本课程实训依据《山东省建筑工程消耗量定额》《山东省建筑工程价目表》、工程造价管理部门颁布的最新取费程序、计费费率及施工图设计文件等完成。

现以本书任务 3.3 实训附图为例介绍图形算量和钢筋抽样的基本操作步骤。

3.2.2　图形算量 GCL 8.0 软件操作步骤

软件操作流程简介：启动软件→新建工程→工程设置（楼层管理）→绘图输入→表格输入→汇总计算→报表打印。

特别提示

图形算量软件是通过建立轴网、建立构件、定义属性和做法及绘制图形 4 步来完成每个构件的绘图输入的。

1. 新建工程

首先启动软件，软件的启动界面如图 3.1 所示，单击左侧的【图形算量软件】按钮即可进入。

根据新建向导，可以新建一个工程，其操作步骤如下：

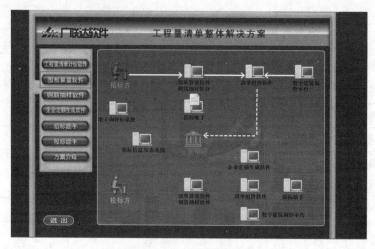

图 3.1　启动界面

（1）选择【工程】菜单下的【新建】命令，打开【新建工程】的【工程名称】对话框，根据图样要求选择标书模式和定额库，如图 3.2 所示。

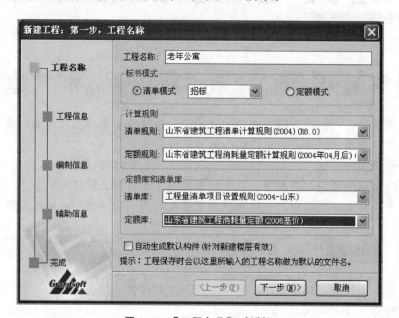

图 3.2　【工程名称】对话框

特别提示

如果选中【自动生成默认构件（针对新建楼层有效）】复选框，则新建工程后每一类型构件均自动生成一个构件，属性取默认值；如取消选中，则新建工程后不再自动生成任何构件。

（2）单击【下一步】按钮，输入相关工程信息和编制信息。

特别提示

工程信息和编制信息与工程量计算没有关系，只是起到标记的作用，该部分内容可以不填写，如图3.3和图3.4所示。

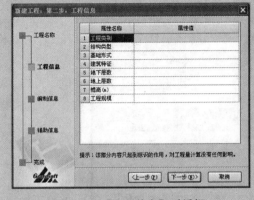 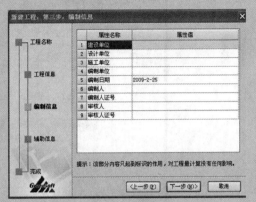

图3.3 【工程信息】对话框　　　　　　图3.4 【编制信息】对话框

（3）单击【下一步】按钮，输入辅助信息，如图3.5所示。

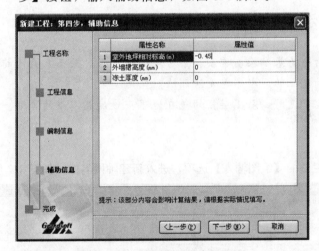

图3.5 【辅助信息】对话框

特别提示

室外地坪相对标高将影响外墙装修工程量和基础土方工程量的计算，应根据实际情况填写。

外墙裙高度将影响外墙裙抹灰工程量的计算，也应根据实际情况填写。

（4）单击【下一步】按钮，查看输入的信息是否正确，如果不正确，可单击【上一步】按钮进行修改。确认信息无误后，单击【完成】按钮，软件将自动进入【工程设置】下的楼层管理界面，在此界面内可以单击【添加楼层】【删除楼层】按钮进行相关操作，可以输入或修改楼层高度等信息,能快速根据图样建立建筑物立面数据。图 3.6 所示的混凝土标号、砂浆标号部分是对整个工程的楼层构件做法的一个整体管理,在每个构件右侧的下拉菜单中,可以进行混凝土标号、砂浆标号的选择,本部分也可不填。

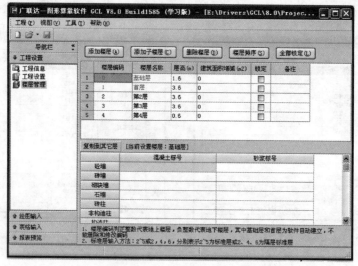

图 3.6　楼层管理界面

特别提示

> 软件把建筑物分为基础层、首层、第 2 层……顶层、屋面层几个标准分层,基础层和首层是软件自动建立的,当然也无法删除。
> 当建筑物有地下室时,基础层指的是在地下室最底层以下的部分。

2. 新建轴网

选择左侧导航栏内的【绘图输入】选项,进入新建轴网界面,如图 3.7 所示,操作如下。

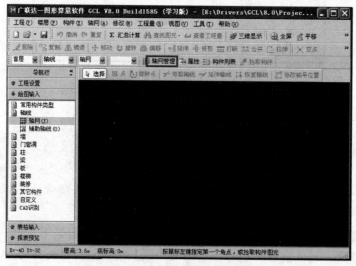

图 3.7　新建轴网界面

(1) 单击工具栏中的【轴网管理】按钮，弹出【轴网管理】对话框（图3.8），单击【新建】按钮。

(2) 根据图样分别输入上下开间和左右进深的轴线尺寸，如图3.9所示。以正交轴网为例，可以从常用值中按轴线编号的顺序双击选中数值或者直接在右侧的表格中输入轴距，按Enter键即可输入下一个数值，轴号由软件自动生成。

图3.8 【轴网管理】对话框

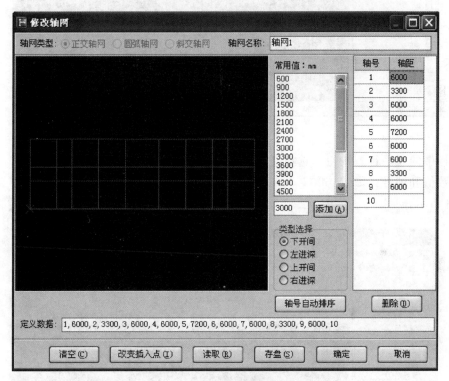

图3.9 新建轴网

(3) 输入好开间、进深尺寸后，在轴网预览区中会看到轴网的大致形状。确认无误后，单击【确定】按钮回到新建轴网界面，单击工具栏中的【选择】按钮，如果轴线和水平线夹角为0°，则直接单击【确定】按钮即可，如图3.10所示；如果轴线和水平线有夹角，则输入角度数后单击【确定】按钮。回到绘图界面即可看到绘制好的轴网，如图3.11所示。

(4) 在某些情况下，还要绘制出辅助轴线，操作如下：在左侧的导航栏中选择【辅助轴线】选项，单

图3.10 输入角度数

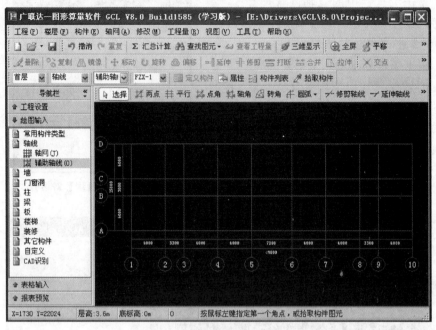

图 3.11　绘制好的轴网

击工具栏中的【平行】按钮,选择【基准轴线】选项,弹出【请输入】对话框,输入偏移距离数值和轴号,如"3600"和"1/5",然后单击【确定】按钮即可,如图 3.12 和图 3.13 所示。

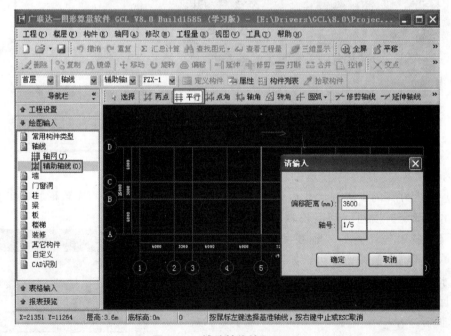

图 3.12　辅助轴线输入(一)

项目 3 建筑工程计价软件应用实训

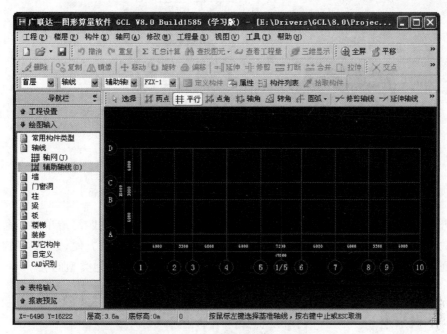

图 3.13 辅助轴线输入（二）

特别提示

在软件中输入的偏移量有正负之分，轴线以向上、向左偏移为正，以向下、向右偏移为负。

在软件的绘图区下方，会有每一步接下来的操作提示，如果忘记了方法，可以参考操作提示进行操作。

3. 构件的定义和绘制

一个建筑的建筑部分大体上分为墙体、门窗、过梁等，结构部分分为柱、梁、板等。软件将手工算量的思路内置在软件中，只需要定义构件的属性和编辑构件的做法，再把构件画出来，就可以计算出工程量了，所以一般将计价软件的算量过程总结为"三步出量"：定义构件属性、编辑构件做法，绘制构件，汇总工程量。本节将按照柱、梁、墙、板、楼梯等的顺序演示建筑物各主要构件的定义和绘制。

1）柱

在导航栏中选择【柱】选项，然后在工具菜单中选择【定义构件】选项，就进入了【构件管理】窗口；或者直接在工具栏中单击【定义构件】按钮，也可以直接进入【构件管理】窗口。在【新建】下拉菜单中选择要建立的柱的类型，如【新建矩形柱】选项，按照图样要求输入柱的名称、类别、材质、截面宽度和截面高度等信息，如图 3.14 和图 3.15 所示。

图 3.14 新建柱　　　　　图 3.15 柱的属性编辑

单击【构件做法】选项卡,选择【查询】下拉菜单中的【查询匹配清单项】命令,选择柱的做法,双击正确的清单项即可定义柱的做法。为了将来对量方便,一般将构件的名称复制到项目里,如图 3.16 所示。按照相同的方法可继续定义其他类型的柱。

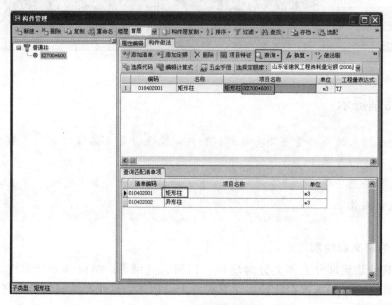

图 3.16 柱的做法编辑

特别提示

在【属性编辑】选项卡中,带括号的属性为默认属性,不带括号的属性为非默认属性。默认属性的内容会根据某些公共数据自动改变。例如,柱高或墙高为缺省属性时,会跟楼层高度一致。如果要修改默认属性的内容,则必须去掉小括号后修改才能生效。另外,属性编辑器中蓝色字体的属性为公共属性,黑色字体的属性为私有属性。只要修改了公共属性,则该工程的所有图元的这个属性都会改变。例如,柱截面高度改为 600mm,则该工程所有柱截面高度都会变为 600mm。而修改私有属性,则不会影响已经绘制好的图元。

单击工具栏右方的【选择构件】按钮,进入绘图界面。柱的画法可以采取"点画"的方法来完成,按照施工图的位置在相应的轴线交点上分别单击即可。当相同的柱较多时,还可以选择工具栏中【智能布置】下拉菜单中的【轴线】命令,再在下拉框中选择需要布置柱的轴网范围即可,如图 3.17 所示。

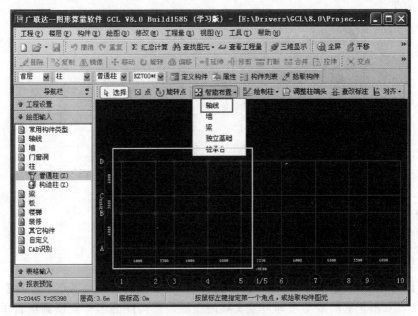

图 3.17 智能布置柱

特别提示

当不止定义了一种柱时,每画一种柱都要事先在工具栏中选择相应的柱名称,使之与绘制的柱一一对应。软件为方便检查,可以按 Shift+Z 组合键显示柱的名称。

当柱为偏心柱时,可用偏移来实现。Shift+鼠标左键选择轴网交点(D,2),弹出【输入偏移量】对话框,填写偏移值(如 $X=0mm$,$Y=-1225mm$),单击【确定】按钮即可,如图 3.18 和图 3.19 所示。需要注意的是,软件中正交偏移是按坐标轴区分正负的,以 X 轴向右、Y 轴向上偏移为正,反之为负。

图 3.18 柱的偏移(一)

图 3.19 柱的偏移(二)

2）梁

在导航栏中选择【梁】选项，并在工具菜单中单击【定义构件】按钮，进入【构件管理】窗口。在【新建】下拉菜单中选择要建立的梁的类型，如【新建矩形梁】，在【属性编辑】选项卡中按照图样要求输入梁的名称、类别、材质、截面宽度、截面高度等信息，如图 3.20 所示。

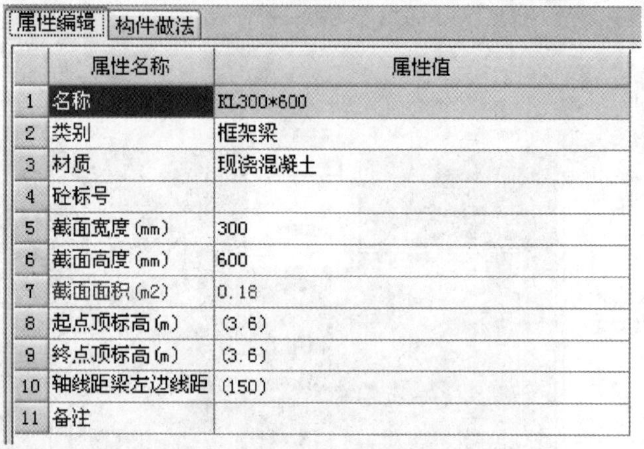

	属性名称	属性值
1	名称	KL300*600
2	类别	框架梁
3	材质	现浇混凝土
4	砼标号	
5	截面宽度(mm)	300
6	截面高度(mm)	600
7	截面面积(m2)	0.18
8	起点顶标高(m)	(3.6)
9	终点顶标高(m)	(3.6)
10	轴线距梁左边线距	(150)
11	备注	

图 3.20　梁的属性编辑

单击【构件做法】选项卡，选择【查询】下拉菜单中的【查询匹配清单项】命令，选择梁的做法，双击正确的清单项即可定义梁的做法，将构件的名称复制到项目里。按照相同的方法可继续定义其他类型的梁，如 KL300×600、L250×450、L250×500、L250×600，如图 3.21 所示。

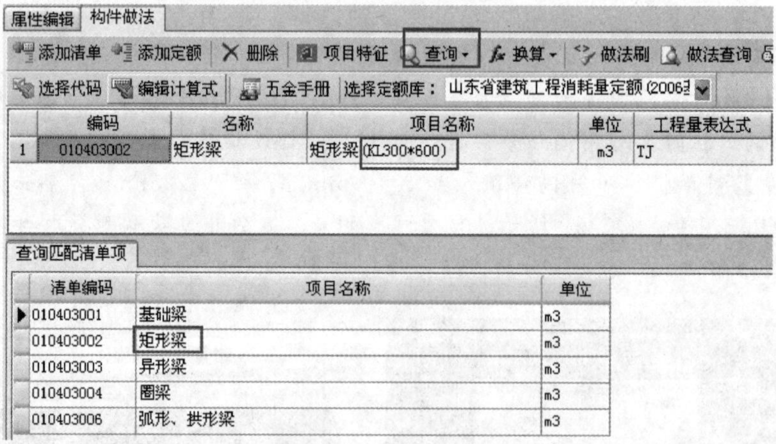

图 3.21　梁的做法编辑

单击工具栏右方的【选择构件】按钮，进入绘图界面。梁支持【直线】【折线】画法，如图 3.22 所示。单击轴线交点皆可绘制梁。需要注意的是，绘制梁的类型一定要先在图层中选择好，可用 Shift＋L 组合键显示梁的名称，检查是否绘制正确。

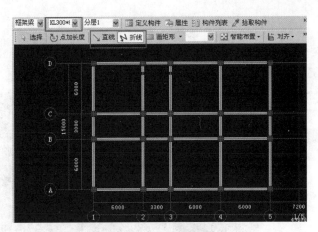

图 3.22 梁的绘制

特别提示

当梁不在轴线上时（如 L1、L2），可用偏移来实现。Shift＋鼠标左键选择轴网交点（C，1），弹出【输入偏移量】对话框，填写偏移值（如 X＝0mm，Y＝1500mm），单击【确定】按钮，然后单击【垂点】按钮并单击②轴的梁，右击结束，如图 3.23 和图 3.24 所示。

图 3.23 梁的偏移（一）

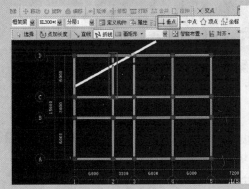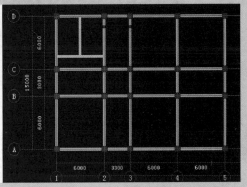

图 3.24 梁的偏移（二）

当梁为弧形梁时，可用【顺小弧】的方法绘制。在后面的空白处输入弧半径，单击(D,5)和(D,6)点即可，如图3.25所示。

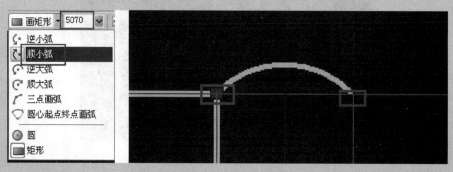

图 3.25　弧形梁的画法

如果在绘图之后发现图层中的构件选择错误，也不用删除构件重画，可以选择画错的构件，右击，选择【修改构件图元名称】命令，选择正确的构件名称即可修改过来。此时，如果发现梁和柱的位置关系与图样不符，则要把外墙上的梁和柱的外侧平齐。选择需要偏移的梁，右击，选择【设置梁靠柱边】命令，然后单击该梁上的任意一个柱，单击选择偏移的方向即可，如图3.26所示。

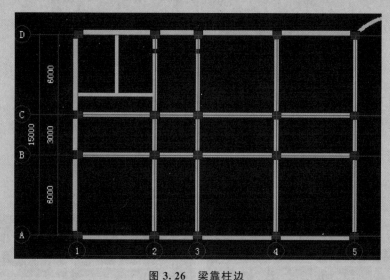

图 3.26　梁靠柱边

3）墙

在【新建】下拉菜单中选择墙的类型，如【新建普通墙】，在右侧的【属性编辑】选项卡中修改墙的名称为"Q250"，材质为"砌块"，厚度为"250"，如图3.27所示。

需要注意的是，在软件绘图中为了方便分割房间或围成建筑面积，设有"虚墙"类型，虚墙本身不参与其他构件的扣减，也不用计算工程量。

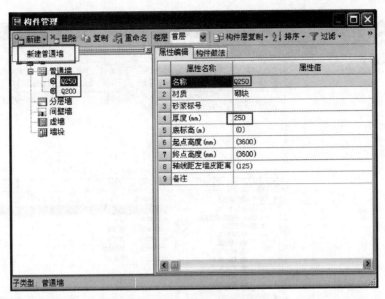

图 3.27 【构件管理】窗口

特别提示

厚度：当墙体材质为砖时，墙的厚度会自动换算。
底标高：默认为当前楼层的底标高。
终点高度：默认为当前楼层的层高，但当墙是山墙等斜墙时，起点高度和终点高度是不一致的。
轴线距左墙皮距离：当墙偏心时，需要设置该属性，软件默认按逆时针画图的方向区分左右。

定义好构件属性后，切换进入【构件做法】选项卡，通过【查询】下的【查询匹配清单项】或【查询清单库】命令，都能查找到相应的清单，双击清单项即可使其回到上方清单表中。在【构件做法】选项卡中，还可以在工具栏中进行【做法查询】【项目特征】【换算】等操作，如图 3.28 所示。

编辑好构件属性后，单击【选择构件】按钮，进入绘图界面。在绘图工具栏中，会显示出有关墙构件的绘制编辑操作，如 等多种绘图方式。例如，画直线可单击【直线】按钮，再单击绘图区相应线段的两个端点，然后右击完成；画折线则可以按顺时针方向连续单击线段的端点，然后右击完成，如图 3.29 所示。

在某些工程中还会遇到弧形墙，画图时可以通过【顺小弧】命令实现。单击【画矩形】右侧的下拉菜单，选择【顺小弧】命令，在后面的文本框中填入弧半径，如"5070"，单击外墙上某两个轴线的交点，右击完成，如图 3.30 所示。

由于门窗过梁和墙的工程量有扣减关系，因此必须把门窗过梁绘制到墙上，汇总的工程量才准确。门窗过梁的定义方法与墙相同，绘制时支持"点画"的方法，如图 3.31 所示。

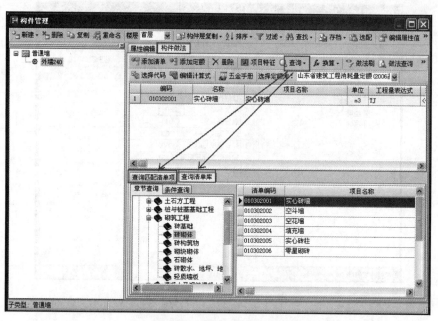

图 3.28 墙构件做法界面

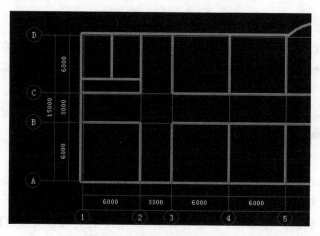

图 3.29 直线（折线）画法

 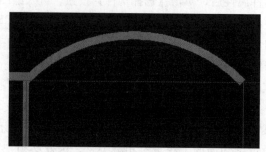

图 3.30 弧形墙画法

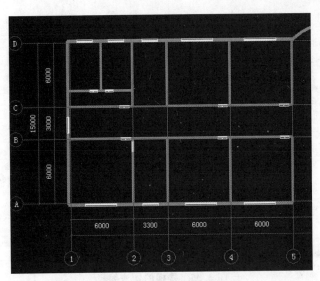

图 3.31 门窗过梁的绘制

4) 板

在导航栏中选择【板】选项,单击工具栏中的【定义构件】按钮,进入到板的【构件管理】窗口。在【新建】下拉菜单中选择【现浇板】命令,按图样要求输入板的属性,如图 3.32 所示。

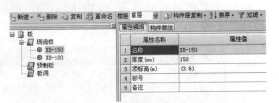

图 3.32 板的属性编辑

板可以用【点】或【画矩形】的画法绘制,如图 3.33 所示。在工具栏中选择【点】命令,单击相应的板即可;或在工具栏中选择【画矩形】命令,分别单击板的对角线两点即可。

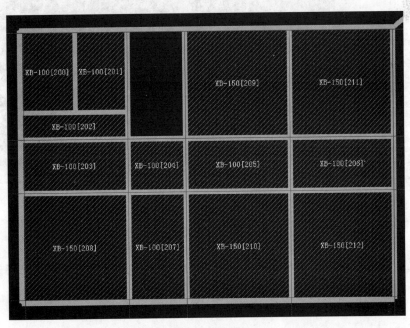

图 3.33 板的绘制

5）楼梯

在导航栏中选择【楼梯】下拉菜单中的【直段梯段】命令，单击【定义构件】按钮，选择【新建】下拉菜单中的【新建直段楼梯】命令，按照图样输入楼梯属性和做法，如图 3.34 和图 3.35 所示。

楼梯支持"点画"的方法，但楼梯间不封闭，因此需要在楼梯中间建立一个虚墙，虚墙本身不计算工程量，其画法和墙相同。然后在图层中选择直段楼梯，单击楼梯间位置即可。

属性名称	属性值
1 名称	ZLT-1
2 踏步宽度(mm)	300
3 楼梯高度(mm)	(3600)
4 梯板厚(mm)	60
5 建筑面积计算	不计算
6 备注	

图 3.34　楼梯的属性编辑

编码	名称	项目名称	单位	工程量表达式	表达式说明/工程量
1 010406001	直段楼梯	直段楼梯	m2	TYMJ	⟨投影面积⟩

图 3.35　楼梯的做法编辑

如果楼梯边的起始方向和图样不符，可以通过【设置矩形楼梯起始踏步边】功能进行修改，如图 3.36 所示。

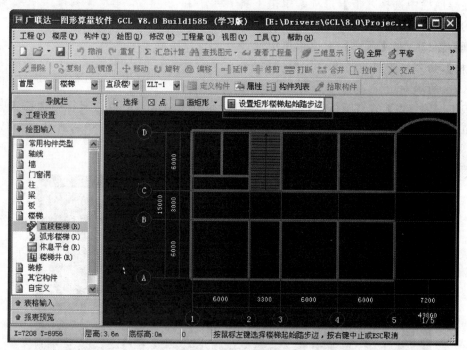

图 3.36　楼梯的绘制

特别提示

楼梯工程量计算规则中规定，不扣除宽度小于 500mm 的楼梯井所占的面积。在遇到这样的楼梯时，就可以不用绘制楼梯井，以提高绘图速度。

当图样对称时，可以使用【块镜像】功能快速画图。例如，本图样以⑤轴线为对称轴左右对称，可以先将⑤轴线左侧的所有构件画好，然后选择【楼层】下拉菜单中的【块镜像】命令，如图3.37所示。

框选左侧画好的构件图元，单击⑤轴线上任意两点，左侧的图元就全部复制到右侧了，如图3.38所示。

剩下的⑤～⑥轴之间的构件，按照前面的方法补充绘制即可，在此不再赘述。绘制好的构件图元如图3.39所示。

6) 汇总首层工程量

单击工具栏中的【汇总计算】按钮，选择画好的构件所在楼层，然后单击【计算】按钮即可。想查看工程量，可以单击【选择】按钮，框选想查看的构件，然后单击工具栏中的【查看工程量】按钮，在【查看图元工程量】窗口中即可查看到构件的工程量等信息。也可以通过选择【工程量】下拉菜单中的【全楼查看做法工程量】命令查看全楼工程量，如图3.40所示。

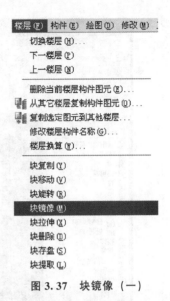

图3.37 块镜像（一）

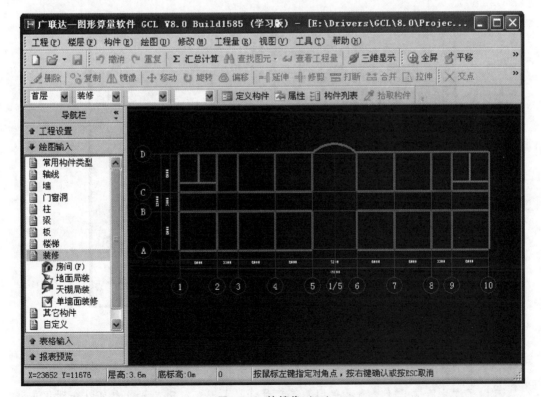

图3.38 块镜像（二）

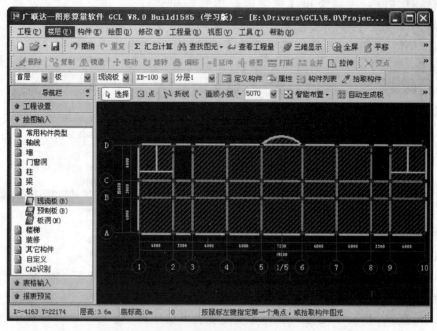

图 3.39 绘制好的构件图元

图 3.40 全楼查看做法工程量

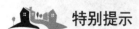 **特别提示**

可以通过快捷键 F11 查看构件图元工程量计算式,在定额工程量中可以查到该工程模板、脚手架等的工程量,如图 3.41 所示。

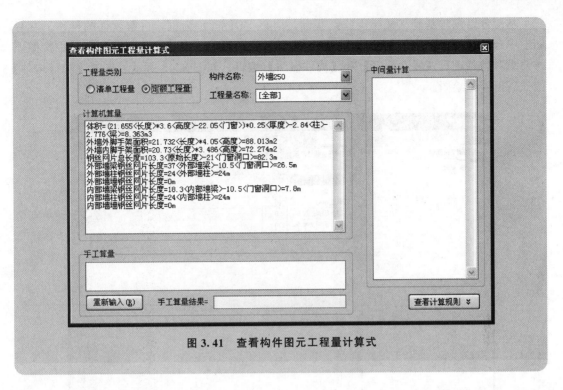

图 3.41 查看构件图元工程量计算式

7) 绘制基础部分

首先要在工具栏中切换楼层为基础层，然后把首层相关墙和柱图元复制到基础层，即在菜单栏中选择【楼层】命令，单击【从其它楼层复制构件图元】按钮，在【源楼层】下拉列表中选择【首层】命令，选中所要复制的【墙】【柱】图元复选框，选择完毕，单击【确定】按钮，如图 3.42 所示。

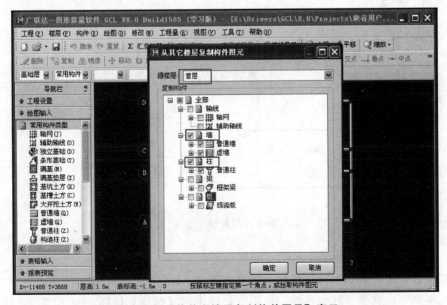

图 3.42 【从其它楼层复制构件图元】窗口

本部分以满堂基础（又叫满堂红基础，简称"满基"）为例，讲解软件的操作。在导航栏中选择【基础】构件类型的【满基】命令并定义构件，在【构件管理】窗口中按照图样要求对满基进行【属性编辑】和【构件做法】编辑，如图 3.43 所示。单击【选择构件】按钮退出即可绘图。

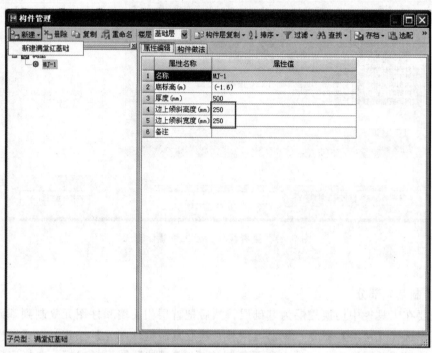

图 3.43 【构件管理】窗口

特别提示

边上倾斜高度（宽度）如图 3.44 所示。

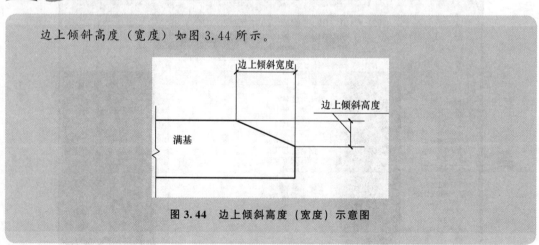

图 3.44 边上倾斜高度（宽度）示意图

满基可以采用"点画"方法绘制，即在基础范围内任意一点单击即可，如图 3.45 所示。修改满基可以选择画好的基础，单击工具栏中的【偏移】按钮，弹出【请选择偏移方式】对话框，然后选择【整体偏移】单选按钮，在满基外部右击确认，在弹出的【请输入偏移距离】对话框中输入偏移距离，单击【确定】按钮即可，如图3.46所示。

满基垫层的定义及做法与满基相同，可以选择【智能布置】下拉菜单中的【满堂基础】命令来操作，这里不再赘述。

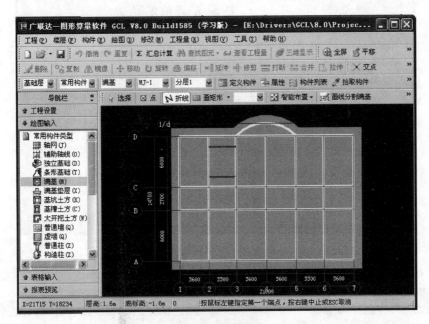

图3.45 满基画法

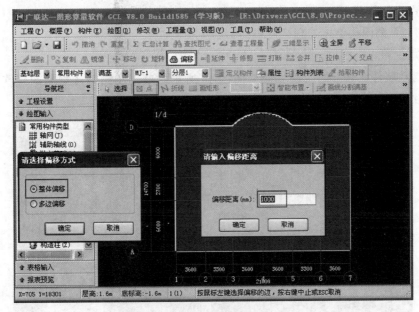

图3.46 偏移操作界面

8）报表汇总

将所有楼层的构件绘制好并汇总计算后，可以进行报表汇总。在导航栏中切换到报表预览界面即可预览报表，如图3.47所示。

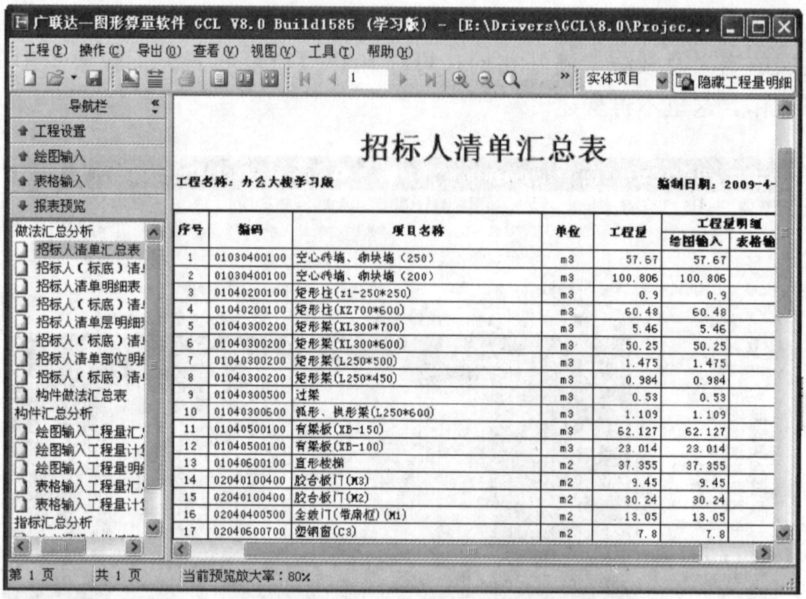

图 3.47 报表预览界面

3.2.3 钢筋抽样 GGJ 10.0 软件操作步骤

钢筋抽样 GGJ 10.0 软件采用绘图输入与单构件输入相结合的方式,自动按照现行的建筑结构平面整体设计方法(简称"平法")G101-X(如 16G101-1、16G101-2、16G101-3)系列图集整体处理构件中的钢筋工程量。

1. 新建工程

首先启动软件,软件的启动界面如图 3.48 所示,单击左侧的【钢筋抽样软件】按钮即可启动软件。

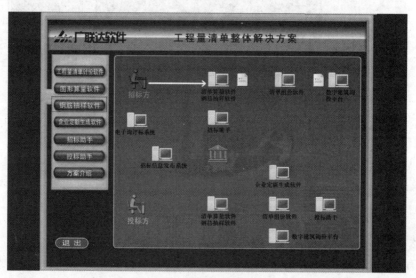

图 3.48 启动界面

根据新建向导，可以新建一个工程。选择【工程】菜单下的【新建】命令，打开【新建工程】对话框，根据工程要求按照提示输入信息即可，如图 3.49 和图 3.50 所示。【比重设置】和【弯钩设置】如果在图样中没有说明，可不做修改，直接单击【下一步】按钮即可。

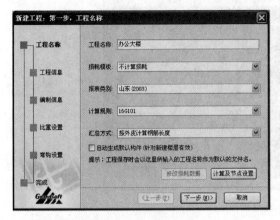 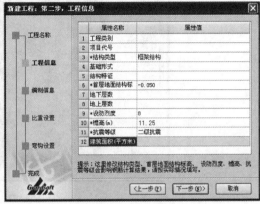

图 3.49　新建工程（一）　　　　　　　　图 3.50　新建工程（二）

在新建好工程后，需要重新填写或者修改工程名称、损耗模板、报表类别、汇总方式、抗震等级等信息时，可以在【工程设置】窗口进行设定，然后进入【楼层管理】窗口。与图形算量软件一样，钢筋抽样软件也是按照图样的要求添加楼层等内容，所不同的是，在层高中遇到没有钢筋构件的部分要扣除高度，如钢筋混凝土基础垫层等。在【楼层钢筋缺省设置】中按图样要求把构件的混凝土标号、保护层厚度等信息修改好后，单击【复制到其它楼层】按钮，如图 3.51 所示。选择导航栏中的【绘图输入】命令，进入绘图界面。

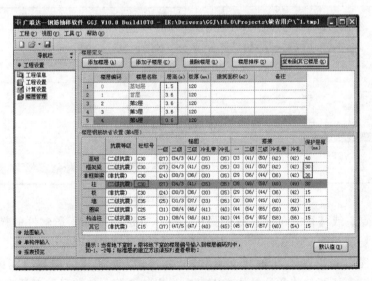

图 3.51　楼层管理

2. 新建轴网

钢筋抽样软件中轴网的建立方法和图形算量软件中轴网的建立方法相同，如图 3.52 所示。

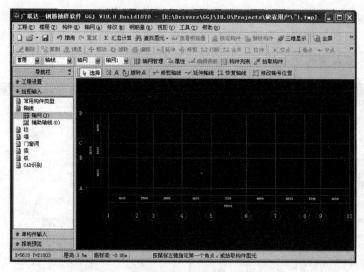

图 3.52 新建轴网

在钢筋抽样软件中，其绘图流程是：定义构件→绘制构件→汇总计算。按照这个步骤，本部分依次讲解柱、梁、板和基础内钢筋的计算。

3. 钢筋的定义和绘制

1) 柱筋

以框架柱为例，按照图形算量软件的操作方法打开柱的【构件管理】窗口。按照配筋图输入柱筋的属性，如图 3.53 所示。这里要注意软件是用 A、B、C 这 3 个字母来代替一级、二级和三级钢筋的。

	属性名称	属性值
1	名称	KZ-1
2	类别	框架柱
3	截面宽(B边)(mm)	700
4	截面高(H边)(mm)	600
5	全部纵筋	
6	角筋	4B25
7	B边一侧中部筋	4B25
8	H边一侧中部筋	3B25
9	箍筋	A10@100/200
10	肢数	5*4
11	其它箍筋	
12	柱类型	中柱
13	⊞ 芯柱	
18	⊞ 其它属性	
30	⊞ 锚固搭接	

	属性名称	属性值
1	名称	Z1
2	类别	框架柱
3	截面宽(B边)(mm)	250
4	截面高(H边)(mm)	250
5	全部纵筋	
6	角筋	4B20
7	B边一侧中部筋	1B20
8	H边一侧中部筋	1B20
9	箍筋	A8@200
10	肢数	2*2
11	其它箍筋	
12	柱类型	中柱
13	⊞ 芯柱	
18	⊞ 其它属性	
30	⊞ 锚固搭接	

图 3.53 框架柱属性编辑

可以用【点】或【智能布置】命令画柱，操作方法与图形算量软件的操作方法相同，也可以用镜像复制功能。图 3.54 所示为用【智能布置】命令画柱。

在某些工程中会出现不在轴线交点处的柱，可以通过【偏移】功能画出来，即用 Shift+鼠标左键选择要偏移的柱轴线交点，在弹出的【输入偏移量】对话框中按图样信息输入偏移值，单击【确定】按钮即可，如图 3.55 所示。

选择【钢筋量】下拉菜单中的【汇总计算】命令，单击【确定】按钮，即可查看柱筋。再单击工具栏中的【查看钢筋量】按钮，选择要查看的柱筋，在绘图区下方即会显示该柱筋的信息，如图 3.56 所示。

项目 **3** 建筑工程计价软件应用实训

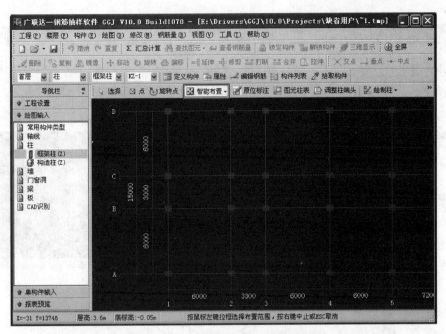

图 3.54 用【智能布置】命令画柱

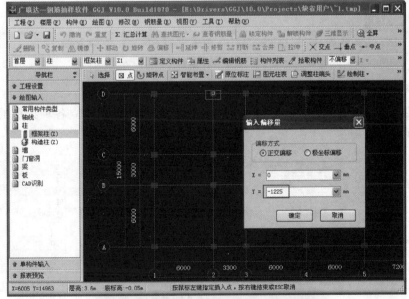

图 3.55 柱的偏移

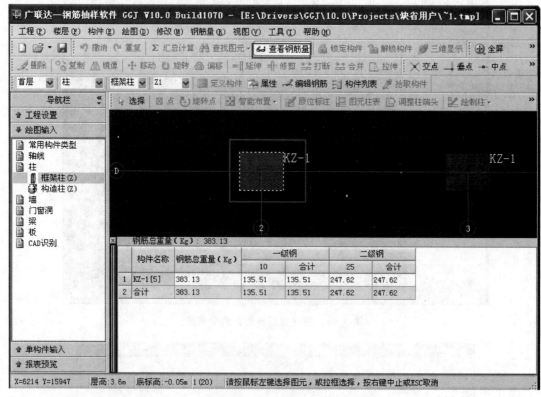

图 3.56 柱筋量汇总

2）梁筋

打开梁的【构件管理】窗口，按照图样中梁的信息，分别建立各种梁筋的信息，如图 3.57 所示。

	属性名称	属性值
1	名称	KL-1
2	类别	楼层框架梁
3	跨数量	
4	截面宽(mm)	300
5	截面高(mm)	600
6	轴线距梁左边线距离(mm)	150
7	箍筋	A10@100/200 (2)
8	肢数	2
9	上部通长筋	4B25
10	下部通长筋	4B25
11	侧面纵筋	
12	拉筋	
13	其它箍筋	
14	其它属性	
21	锚固搭接	

	属性名称	属性值
1	名称	KL-2
2	类别	楼层框架梁
3	跨数量	
4	截面宽(mm)	300
5	截面高(mm)	600
6	轴线距梁左边线距离(mm)	(150)
7	箍筋	A10@100/200 (2)
8	肢数	2
9	上部通长筋	2B25
10	下部通长筋	4B25
11	侧面纵筋	
12	拉筋	
13	其它箍筋	
14	其它属性	
21	锚固搭接	

图 3.57 梁的属性编辑

项目 3 建筑工程计价软件应用实训

	属性名称	属性值
1	名称	KL-3
2	类别	楼层框架梁
3	跨数量	
4	截面宽(mm)	300
5	截面高(mm)	600
6	轴线距梁左边线距离(mm)	(150)
7	箍筋	A10@100/200 (2)
8	肢数	2
9	上部通长筋	2B25
10	下部通长筋	4B25
11	侧面纵筋	
12	拉筋	
13	其它箍筋	
14	其它属性	
21	锚固搭接	

	属性名称	属性值
1	名称	KL-4
2	类别	楼层框架梁
3	跨数量	
4	截面宽(mm)	300
5	截面高(mm)	600
6	轴线距梁左边线距离(mm)	(150)
7	箍筋	A10@100/200 (2)
8	肢数	2
9	上部通长筋	2B25
10	下部通长筋	
11	侧面纵筋	
12	拉筋	
13	其它箍筋	
14	其它属性	
21	锚固搭接	

	属性名称	属性值
1	名称	KL-5
2	类别	楼层框架梁
3	跨数量	
4	截面宽(mm)	300
5	截面高(mm)	600
6	轴线距梁左边线距离(mm)	(150)
7	箍筋	A10@100/200 (4)
8	肢数	4
9	上部通长筋	2B25+(2B12)
10	下部通长筋	
11	侧面纵筋	
12	拉筋	
13	其它箍筋	
14	其它属性	
21	锚固搭接	

	属性名称	属性值
1	名称	KL-6
2	类别	楼层框架梁
3	跨数量	
4	截面宽(mm)	300
5	截面高(mm)	600
6	轴线距梁左边线距离(mm)	(150)
7	箍筋	A10@100/200 (2)
8	肢数	2
9	上部通长筋	2B25
10	下部通长筋	
11	侧面纵筋	G4B16
12	拉筋	(A6)
13	其它箍筋	
14	其它属性	
21	锚固搭接	

	属性名称	属性值
1	名称	KL-7
2	类别	楼层框架梁
3	跨数量	
4	截面宽(mm)	300
5	截面高(mm)	600
6	轴线距梁左边线距离(mm)	(150)
7	箍筋	A10@100/200 (2)
8	肢数	2
9	上部通长筋	2B25
10	下部通长筋	
11	侧面纵筋	N4B16
12	拉筋	(A6)
13	其它箍筋	
14	其它属性	
21	锚固搭接	

	属性名称	属性值
1	名称	KL-8
2	类别	楼层框架梁
3	跨数量	
4	截面宽(mm)	300
5	截面高(mm)	600
6	轴线距梁左边线距离(mm)	(150)
7	箍筋	A10@100/200 (2)
8	肢数	2
9	上部通长筋	2B25
10	下部通长筋	
11	侧面纵筋	
12	拉筋	
13	其它箍筋	
14	其它属性	
21	锚固搭接	

图 3.57 梁的属性编辑（续）

图 3.57 梁的属性编辑（续）

特别提示

如果框架梁和非框架梁相交，有次梁加筋的情况时则需要先输入次梁宽度，次梁加筋的根数应为两边的根数之和。

当梁顶的标高和默认的层高不一致时，可修改第 14 项【其它属性】中的【起点顶标高】或【终点顶标高】的数值，修改时要去掉小括号，如图 3.58 所示。

图 3.58 【其它属性】

梁的绘制可以用画直线实现，由于工程中梁的种类很多，绘制梁之前要确定工具栏中是否选择的是要画的这根梁，避免出现"张冠李戴"的现象；梁画好后可以通过 Shift＋L 组合键显示梁的名称，检查绘制的图元是否和名称一致。如果出现梁和柱不靠齐的情况，可以右击选择【设置梁靠柱边】选项把梁偏移过去，方法同图形算量软件。梁的绘制如图 3.59 所示。

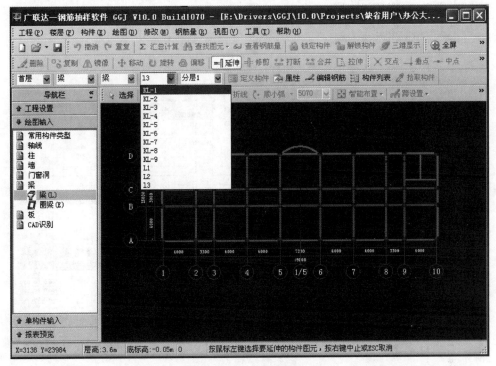

图 3.59　梁的绘制

在定义构件时，已经把梁集中标注的信息输入进去了，在绘图区还要输入梁的原位标注信息。此时可以单击工具栏中的【原位标注】按钮，绘图区下方就会出现原位标注的表格，选择要进行原位标注的梁，按照图样的配筋信息将钢筋输入表格中，检查无误后在绘图区右击，该梁变成绿色，以区分未标注的梁，如图 3.60 所示。

跨号		构件尺寸 (mm)							上通长筋	左支座
		标高(m)	A1	A2	A3	A4	跨长	截面(B*H)	距左边线距离		
1	1	(3.55)	(150)	(550)	(350)		(6200)	300*600	(150)	4B25[1-9]	
2	2	(3.55)		(350)	(350)		(3300)	300*600	(150)		
3	3	(3.55)		(350)	(350)		(6000)	300*600	(150)		
4	4	(3.55)		(350)	(350)		(6000)	300*600	(150)		
5	5	(3.55)		(350)	(350)		(7200)	300*700	(150)		
6	6	(3.55)		(350)	(350)		(6000)	300*600	(150)		

(a) KL-1 原位标注

图 3.60　梁的原位标注

制跨数据 粘贴跨数据 输入当前列数据 删除当前列数据 页面设置 调换起始跨 悬臂钢筋代号

跨号	构件尺寸(mm)					上通长筋	上部钢筋			下部钢筋	
	A3	A4	跨长	截面(B*H)	距左边线距离		左支座钢筋	跨中钢筋	右支座钢筋	通长筋	下部钢筋
	(350)		(6200)	300*600	(150)	2B25[1-9]	4B25			4B25[1-9]	
	(350)		(3300)	300*600	(150)		4B25	4B25			
	(350)		(6000)	300*600	(150)		4B25				
	(350)		(6000)	300*600	(150)		4B25				
	(350)		(7200)	300*700	(150)		4B25				
	(350)		(6000)	300*600	(150)		4B25				
	(350)		(6000)	300*600	(150)		4B25				
	(350)		(3300)	300*600	(150)		4B25	4B25			
	(550)	(150)	(6200)	300*600	(150)		4B25		4B25		

(b) KL-2原位标注

复制跨数据 粘贴跨数据 输入当前列数据 删除当前列数据 页面设置 调换起始跨 悬臂钢筋代号

	跨号	构件尺寸(mm)								上通长筋	上部钢筋			下部钢筋	
		标高(m)	A1	A2	A3	A4	跨长	截面(B*H)	距左边线距离		左支座钢筋	跨中钢筋	右支座钢筋	通长筋	下部钢筋
1	1	(3.55)	(150)	(550)	(350)		(6200)	300*600	(150)	2B25[1-9]	6B25 4/2			4B25[1-9]	
2	2	(3.55)		(350)	(350)		(3300)	300*600	(150)		6B25 4/2	6B25 4/2			
3	3	(3.55)		(350)	(350)		(6000)	300*600	(150)		6B25 4/2				
4	4	(3.55)		(350)	(350)		(6000)	300*600	(150)		6B25 4/2				
5	5	(3.55)		(350)	(350)		(7200)	300*700	(150)		6B25 4/2				
6	6	(3.55)		(350)	(350)		(6000)	300*600	(150)		6B25 4/2				
7	7	(3.55)		(350)	(350)		(6000)	300*600	(150)		6B25 4/2				
8	8	(3.55)		(350)	(350)		(3300)	300*600	(150)		6B25 4/2	6B25 4/2			
9	9	(3.55)		(350)	(550)	(150)	(6200)	300*600	(150)		6B25 4/2		6B25 4/2		

(c) KL-3原位标注

复制跨数据 粘贴跨数据 输入当前列数据 删除当前列数据 页面设置 调换起始跨 悬臂钢筋代号

	跨号	构件尺寸(mm)								上通长筋	上部钢筋			下部钢筋		侧面钢筋		箍筋	肢数	次梁宽度	次梁加筋	吊筋	吊筋锚固	箍筋加密长度
		标高(m)	A1	A2	A3	A4	跨长	截面(B*	距左边		左支座钢筋	跨中钢筋	右支座钢	通长筋	下部钢筋	腰筋	拉筋							
1	1	(3.55)	(150	(550	(350		(6200	300*600	(150)	2B25[1	6B25 4/2				6B25 2/4			A10@100/200	2	250	0	2B1	20*d	max(1.5*h,500)
2	2	(3.55)		(350	(350		(3300	300*600	(150)		6B25 4/2	6B25 4/2			6B25 2/4			A10@100/200	2					max(1.5*h,500)
3	3	(3.55)		(350	(350		(6000	300*600	(150)		6B25 4/2				6B25 2/4			A10@100/200	2					max(1.5*h,500)
4	4	(3.55)		(350	(350		(6000	300*600	(150)		6B25 4/2				6B25 2/4			A10@100/200	2					max(1.5*h,500)
5	5	(3.55)		(350	(350		(7200	300*700	(150)		6B25 4/2				6B25 2/4			A10@100/200	2					max(1.5*h,500)
6	6	(3.55)		(350	(350		(6000	300*600	(150)		6B25 4/2				6B25 2/4			A10@100/200	2					max(1.5*h,500)
7	7	(3.55)		(350	(350		(6000	300*600	(150)		6B25 4/2				6B25 2/4			A10@100/200	2					max(1.5*h,500)
8	8	(3.55)		(350	(350		(3300	300*600	(150)		6B25 4/2	6B25 4/2			6B25 2/4			A10@100/200	2					max(1.5*h,500)
9	9	(3.55)		(350	(550	(15	(6200	300*600	(150)		6B25 4/2		6B25 4/2		6B25 2/4			A10@100/200	2					max(1.5*h,500)

(d) KL-4原位标注

复制跨数据 粘贴跨数据 输入当前列数据 删除当前列数据 页面设置 调换起始跨 悬臂钢筋代号

	跨号	构件尺寸(mm)								上通长筋	上部钢筋			下部钢筋		侧面钢筋		箍筋	肢数	次梁宽度	次梁加筋	吊筋	吊筋锚固
		标高(m)	A1	A2	A3	A4	跨长	截面(B*	距左边		左支座钢筋	跨中钢筋	右支座钢	通长筋	下部钢筋	腰筋	拉筋						
1	1	(3.55)	(150	(450	(300		(6150	300*600	(150)	2B25[1	6B25 4/2	(2B12)			6B25 2/4			A10@100/200	4				
2	2	(3.55)		(300	(300		(3000	300*600	(150)		6B25 4/2	6B25 4/2			4B25			A10@100/200	4				
3	3	(3.55)		(300	(450	(15	(6150	300*600	(150)		6B25 4/2	(2B12)	6B25 4/2		6B25 4/2			A10@100/200	4	250	6A10(4)		

(e) KL-5原位标注

复制跨数据 粘贴跨数据 输入当前列数据 删除当前列数据 页面设置 调换起始跨 悬臂钢筋代号

	跨号	构件尺寸(mm)								上通长筋	上部钢筋			下部钢筋		侧面钢筋		箍筋	肢数	次梁宽度	次梁加筋	吊筋	吊筋锚固
		标高(m)	A1	A2	A3	A4	跨长	截面(B*	距左边		左支座钢筋	跨中钢筋	右支座钢	通长筋	下部钢筋	腰筋	拉筋						
1	1	(3.55)	(300	(300	(300		(6000	300*600	(150)	2B25[1	6B25 4/2				6B25 2/4	G4B16	(A6)	A10@100/200	2				
2	2	(3.55)		(300	(300		(3000	300*600	(150)		6B25 4/2	6B25 4/2			4B25		(A6)	A10@100/200	2				
3	3	(3.55)		(300	(300	(30	(6000	300*600	(150)		6B25 4/2		6B25 4/2		6B25 2/4		(A6)	A10@100/200	2	250	8A10(4)		

(f) KL-6原位标注

复制跨数据 粘贴跨数据 输入当前列数据 删除当前列数据 页面设置 调换起始跨 悬臂钢筋代号

	跨号	构件尺寸(mm)								上通长筋	上部钢筋			下部钢筋		侧面钢筋	
		标高(m)	A1	A2	A3	A4	跨长	截面(B*	距左边		左支座钢筋	跨中钢筋	右支座钢	通长筋	下部钢筋	腰筋	拉筋
1	1	(3.55)	(300	(300	(300		(6000	300*600	(150)	2B25[1	6B25 4/2				6B25 2/4	N4B16	(A6)
2	2	(3.55)		(300	(300		(3000	300*600	(150)		6B25 4/2	6B25 4/2			4B25		(A6)
3	3	(3.55)		(300	(300	(30	(6000	300*600	(150)		6B25 4/2		6B25 4/2		6B25 2/4		(A6)

(g) KL-7原位标注

图 3.60 梁的原位标注(续)

(h) KL-8原位标注

(i) KL-9原位标注

(j) L1原位标注

图 3.60 梁的原位标注（续）

如果 KL-6 和 KL-7 的跨数与图样不符，可以选择【跨设置】下拉菜单中的【删除梁支座】命令，单击选择要删除的支座，右击确认，单击弹出对话框中的【是】按钮，进行梁支座调整。

如果某些梁的原位标注相同，可以通过【应用同名梁】提高效率，此时应先选择已经输入好的梁图元，单击工具栏中的【应用同名梁】按钮，然后在弹出的【应用范围选择】对话框中选择【所有同名称的梁】单选按钮即可，如图 3.61 所示。

图 3.61 应用同名梁

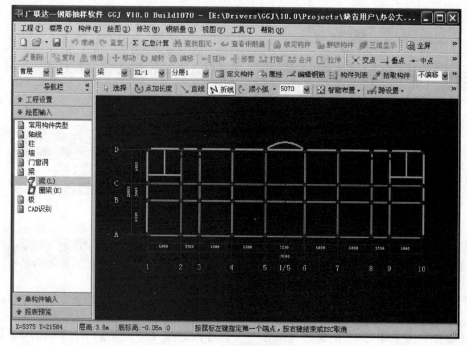

图 3.61　应用同名梁（续）

把所有的梁都标注完毕后，选择【钢筋量】下拉菜单中的【汇总计算】命令，单击【确定】按钮，即可查看梁筋。再单击工具栏中的【查看钢筋量】按钮，选择要查看的梁，在绘图区下方就会显示该梁筋的信息，如图 3.62 所示。

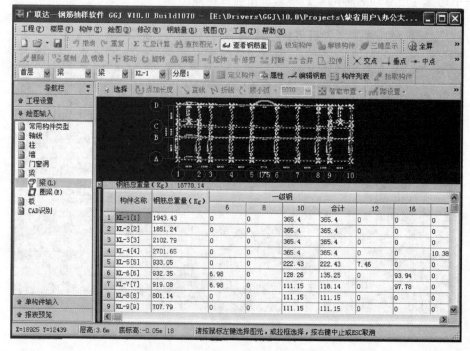

图 3.62　梁筋量汇总

3) 板筋

以现浇板为例,按照定义梁、柱等构件的方法,输入现浇板的信息,其中马凳筋的输入方式如图 3.63 所示。

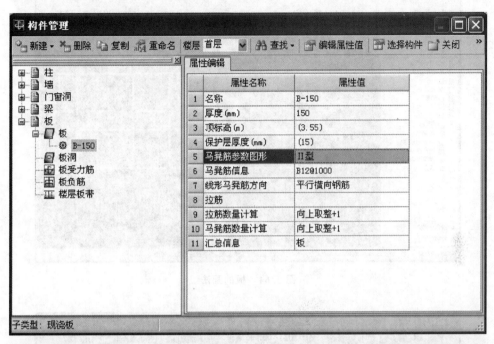

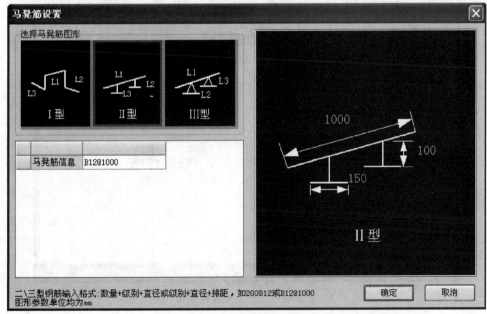

图 3.63 马凳筋的输入

板的画法可以用【点】和【自动生成板】的方法完成,如图 3.64 所示。

定义板筋要先在导航栏中选择【板受力筋】选项,然后进入【构件管理】窗口,按照图样输入受力筋信息,如图 3.65 所示。

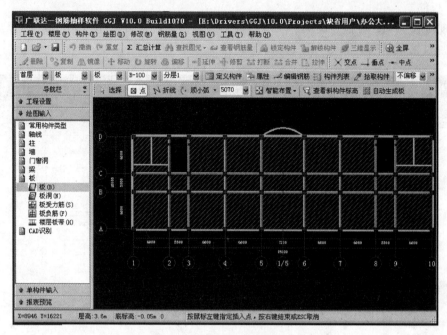

图 3.64 板的画法

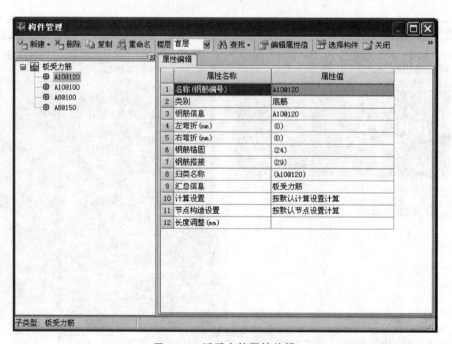

图 3.65 板受力筋属性编辑

单击【选择构件】按钮返回绘图区,布置板受力筋时,如 LB-1 的板受力筋,先选择 A10@120 的钢筋种类,单击工具栏中的【单板】【水平】按钮,在 LB-1 内布置水平受力筋;再选择 A10@100,单击【垂直】按钮,布置垂直受力筋即可,如图 3.66 和图 3.67 所示。

项目 3 建筑工程计价软件应用实训

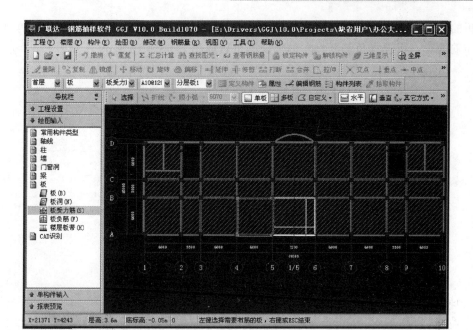

图 3.66 板受力筋的布置（一）

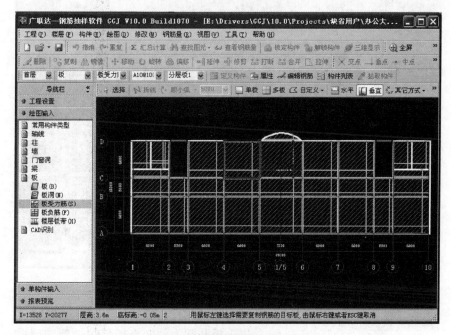

图 3.67 板受力筋的布置（二）

特别提示

板受力筋分为底筋、中层筋、面筋和温度筋，其画法相同，只要根据图纸选择钢筋的类型即可。

板的负筋及分布筋按相同的方法定义好构件后，可以用【按梁布置】方法，单击选择需要布筋的梁，再选择负筋要标注的方向即可，如图 3.68 和图 3.69 所示。

属性编辑

	属性名称	属性值
1	名称(钢筋编号)	1号负筋
2	钢筋信息	A8@100
3	左标注(mm)	1500
4	右标注(mm)	0
5	马凳筋排数	2/0
6	单边标注支座负筋标注长度	支座轴线
7	非单边标注含支座宽	(是)
8	左弯折(mm)	0
9	右弯折(mm)	0
10	分布钢筋	A8@100
11	钢筋锚固	(24)
12	钢筋搭接	(29)
13	计算设置	按默认计算设置计算
14	归类名称	(1号负筋)
15	汇总信息	板负筋

图 3.68　1 号负筋的属性编辑

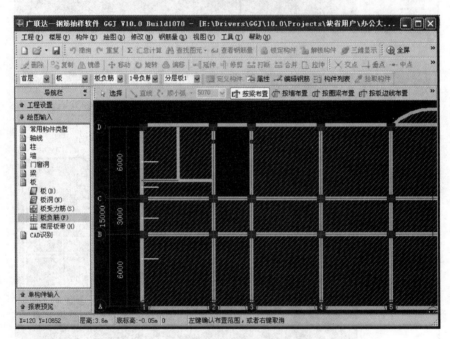

图 3.69　板负筋和分布筋的布置

4）基础钢筋

以筏板基础为例，将楼层切换到基础层，可以将首层画好的柱复制到基础层。在导航栏中选择【筏板基础】选项，进入【构件管理】窗口，按照图样信息编辑筏板基础的属性，如图 3.70 所示。

属性编辑

	属性名称	属性值
1	名称	MJ-1
2	底标高(m)	-1.5
3	厚度(mm)	600
4	保护层厚度(mm)	(40)
5	马凳筋参数图形	II型
6	马凳筋信息	B20@1000
7	线形马凳筋方向	平行横向钢筋
8	拉筋	
9	拉筋数量计算	向上取整+1
10	马凳筋数量计算	向上取整+1
11	汇总信息	筏板基础

图 3.70　筏板基础属性编辑

可以用【折线】的方法画筏板基础，方法与图形算量软件绘制墙的方法相同，如图 3.71所示。

若要对画好的筏板基础进行偏移，单击【选择】

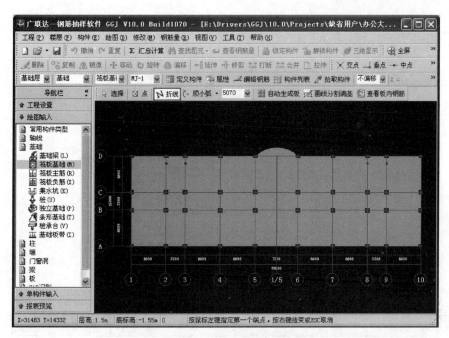

图 3.71 筏板基础的画法

按钮,右击选择【偏移】命令,在弹出的对话框中选择【整体偏移】选项,单击【确定】按钮,然后在基础外任意一点单击,在弹出的【输入偏移量】对话框中输入"800",单击【确定】按钮即可,效果如图 3.72 所示。

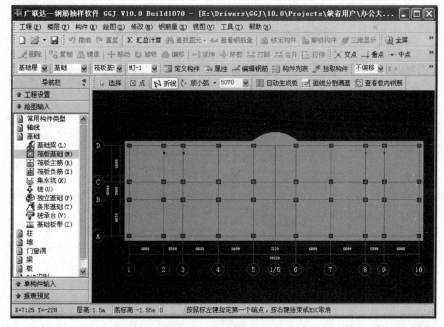

图 3.72 筏板基础的偏移

筏板基础的布筋方式和板的布筋方式相同。先编辑筏板主筋的属性,如图 3.73 所示。

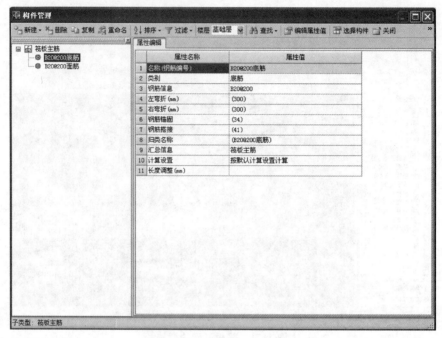

图 3.73　编辑筏板主筋的属性

在绘制时也可以用【其它方式】中的 X、Y 方向布置受力筋，即选择【单板】命令，在要布置受力筋的筏板内单击，分别输入 X、Y 方向的配筋信息，然后单击【确定】按钮即可，如图 3.74 和图 3.75 所示。

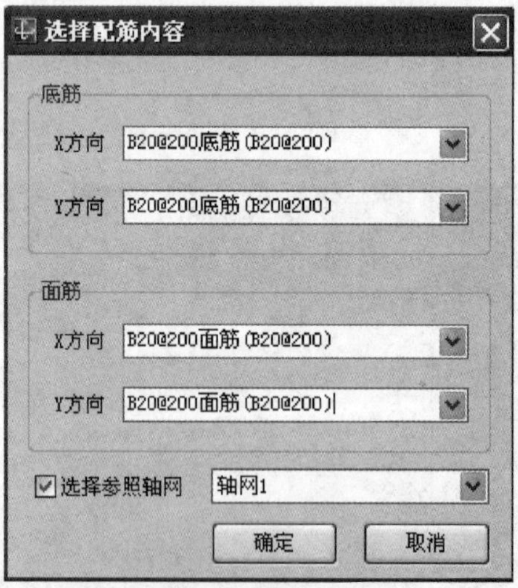

图 3.74　筏板基础的布筋（一）

5）报表输出

将其他楼层的钢筋按照相同的方法绘制后汇总计算，即可进行报表输出了，其操作方法同图形算量软件的操作方法，如图 3.76 所示。

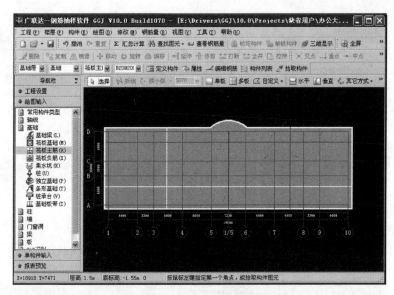

图 3.75 筏板基础的布筋 (二)

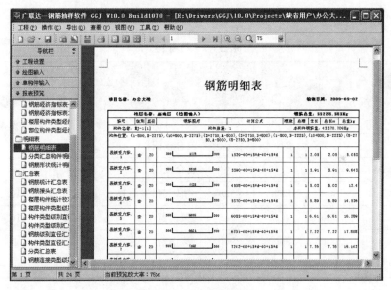

图 3.76 钢筋报表输出

任务 3.3 实训附图

3.3.1 工程概况

本工程为某老年公寓大楼,结构为框架结构,地上 3 层,基础为有梁式满基。

3.3.2 混凝土强度等级

(1) 混凝土墙、梁、板、柱的混凝土强度等级均为C30。
(2) 楼梯的混凝土强度等级为C25。
(3) 过梁的混凝土强度等级为C20。

3.3.3 墙体厚度和砂浆强度等级

(1) 外墙均为250mm厚陶粒空心砖。
(2) 内墙均为200mm厚陶粒空心砖。
(3) 墙体砂浆均为M5混合砂浆。

3.3.4 门窗表

门窗表见表3-2。

表3-2 门窗表

类别	名称	宽度/mm	高度/mm	离地高/mm	材质	数量			
						首层	二层	三层	总数
门	M1	4200	2900	0	全玻门	1	0	0	1
	M2	900	2400	0	胶合板门	16	16	16	48
	M3	750	2100	0	胶合板门	4	4	4	12
窗	C1	1500	2000	900	塑钢窗	10	10	10	30
	C2	3000	2000	900	塑钢窗	10	10	10	30
	C3	3900	2000	900	塑钢窗	1	1	1	3
	C4	4500	2000	900	塑钢窗	1	1	1	3

3.3.5 过梁

M2、M3洞口上部设过梁，其余门窗洞口上部不设，过梁高度120mm，过梁宽度同墙厚，过梁配筋为纵向3Φ12、横向Φ6@200。

3.3.6 图形算量和钢筋抽样施工图

图形算量和钢筋抽样施工图如图3.77~图3.85所示。

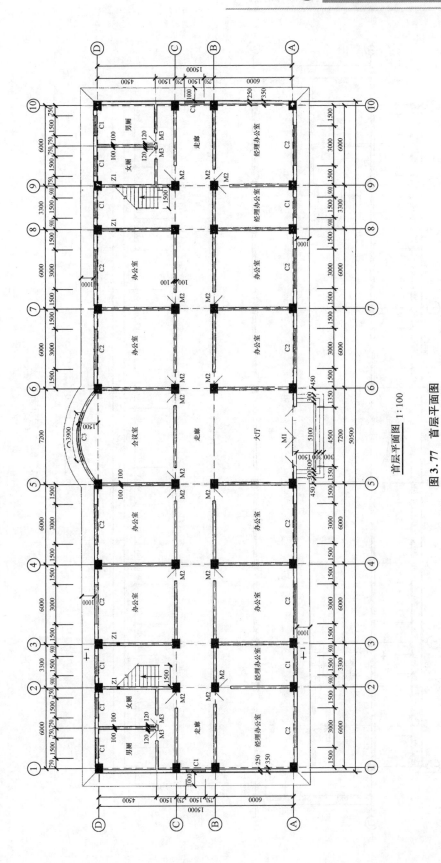

图 3.77 首层平面图

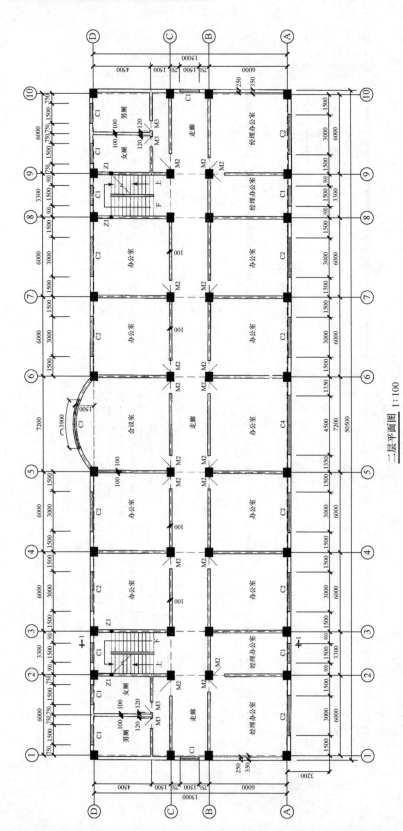

图3.78 二层平面图

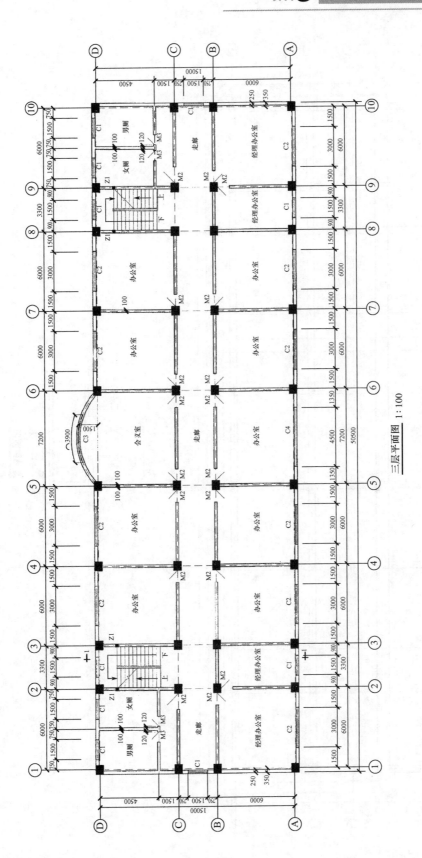

图3.79 三层平面图

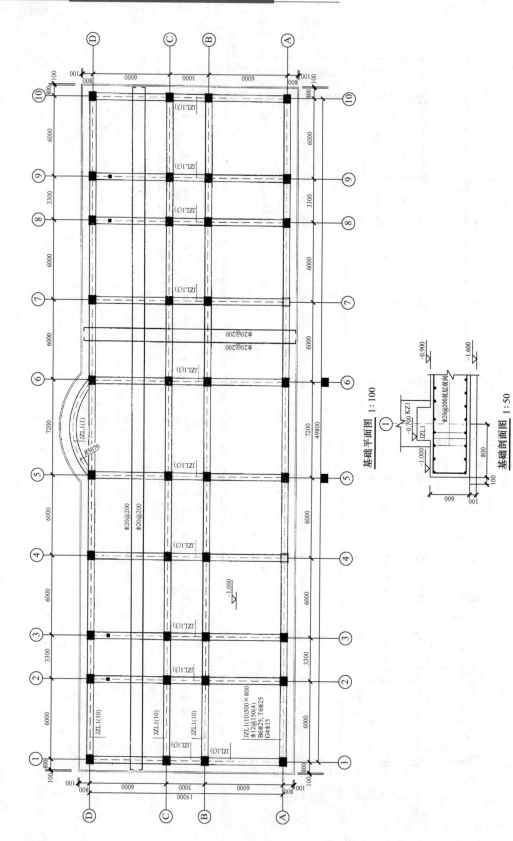

图 3.80 基础平面图及剖面图

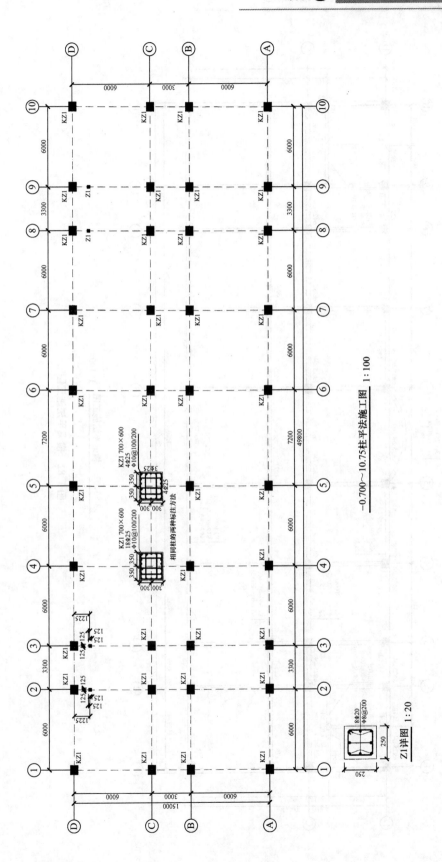

图 3.81 柱平法施工图

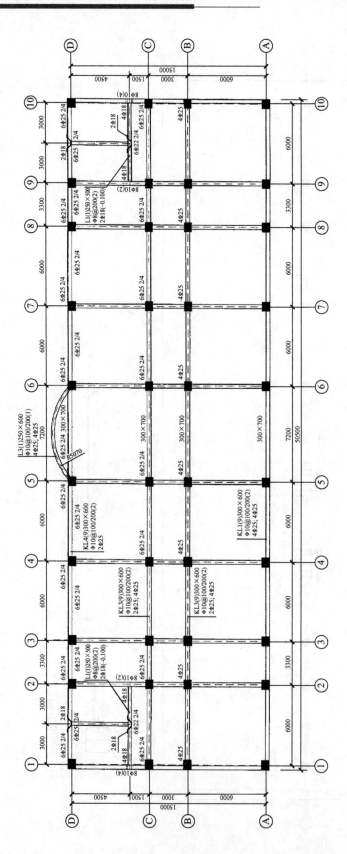

图 3.82 横梁平法施工图

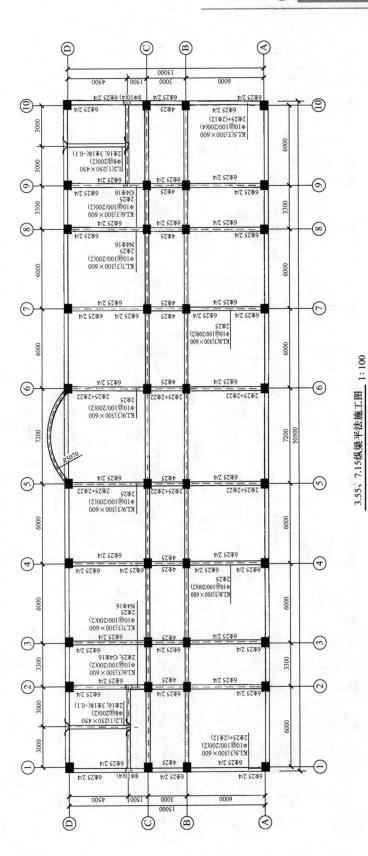

图3.83 纵梁平法施工图

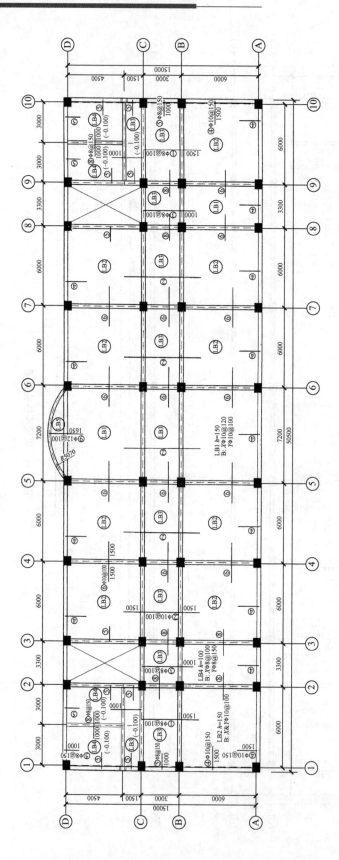

图 3.84 楼面板配筋图

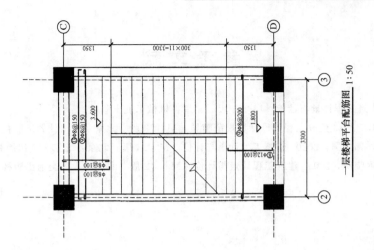

一层楼梯平台配筋图 1:50

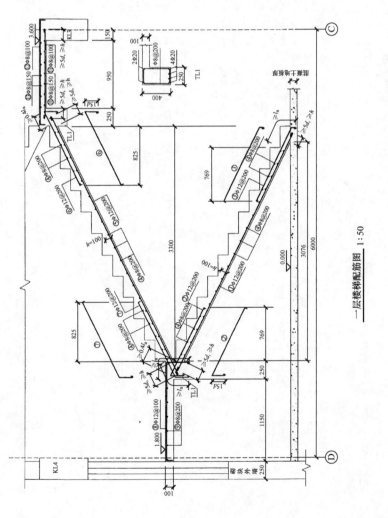

图 3.85 楼梯板配筋图

一层楼梯配筋图 1:50

参 考 文 献

丁春静，2021. 建筑工程计量与计价［M］. 4 版. 北京：机械工业出版社.
规范编制组，2013. 2013建设工程计价计量规范辅导［M］. 2 版. 北京：中国计划出版社.
肖明和，关永冰，韩立国，2020. 建筑工程计量与计价［M］. 4 版. 北京：北京大学出版社.
袁建新，许元，迟晓明，2009. 建筑工程计量与计价［M］. 2 版. 北京：人民交通出版社.